Die Sieben Weltwunder

Die Sieben Weltwunder

Herausgegeben von
Peter A. Clayton
und Martin J. Price

Aus dem Englischen übersetzt
von Hans-Christian Oeser

Mit 88 Abbildungen und Plänen
und 1 Übersichtskarte

Philipp Reclam jun. Stuttgart

Titel der englischen Originalausgabe:
The Seven Wonders of the Ancient World.
London / New York: Routledge, 1988.

Umschlaggestaltung: Werner Rüb, Ludwigsburg
Zeichnungen der Karte und der Pläne Seite 6/7, 31, 77, 108, 109, 143, 165, 167 und 187: Theodor Schwarz, Urbach
Satz: Reclam, Ditzingen.
Druck, Binden: Franz Spiegel Buch GmbH, Ulm
Printed in Germany 1992

ISBN 3-15-010363-0

Inhalt

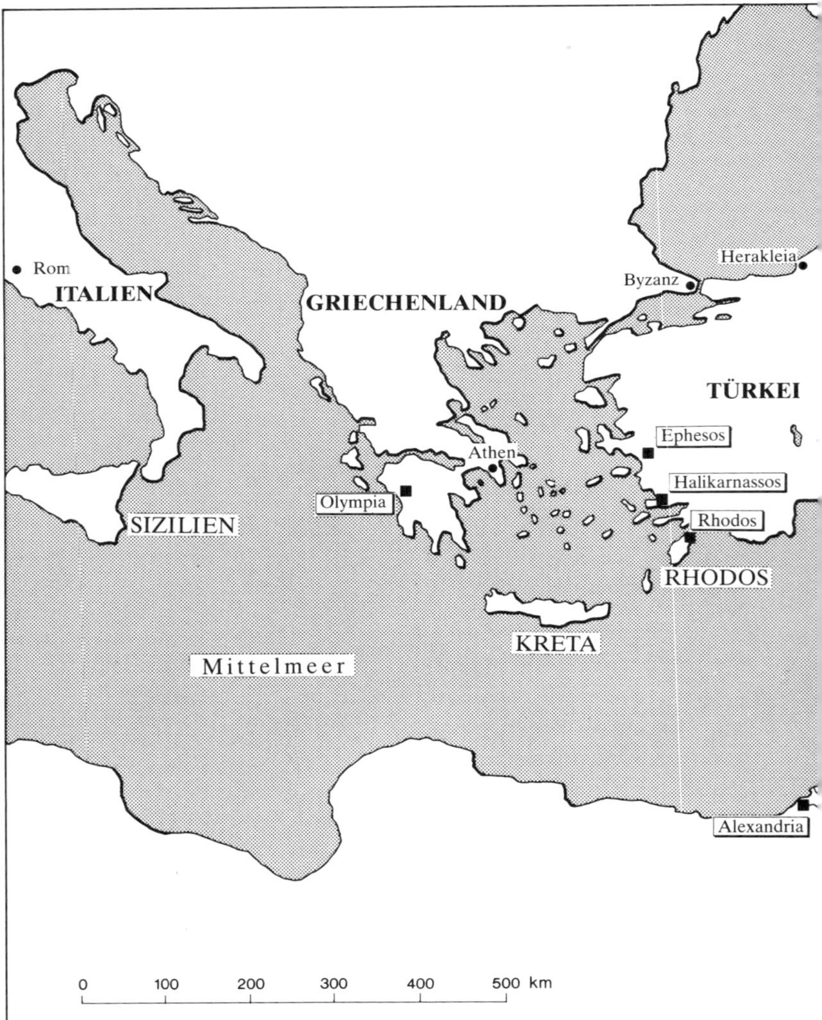

Rom
ITALIEN
GRIECHENLAND
Herakleia
Byzanz
TÜRKEI
Ephesos
Athen
Halikarnassos
Olympia
Rhodos
SIZILIEN
RHODOS
KRETA
Mittelmeer
Alexandria
0
100
200
300
400
500 km

Schwarzes Meer
Amaseia
Ankara
Tigris
Ekbatana
IRAK
SYRIEN
Euphrat
Palmyra
Bagdad
Byblos
Babylon
ZYPERN
Damaskus
Sidon
Jerusalem
Kairo
Gizeh
Nil
ÄGYPTEN
Theben

Einführung

Die Sieben Weltwunder

Von Peter A. Clayton und Martin J. Price

Zwei Statuen, ein Tempel, ein Dachgarten, zwei Grabmäler und ein Leuchtturm – so lautet jenes seltsam anmutende Verzeichnis von sieben Baudenkmälern, die als »die Sieben Wunder der antiken Welt« bekannt geworden sind (vgl. die Übersichtskarte S. 6/7). Wohl weiß fast jeder, daß eine solche Liste existiert, vermutlich sind jedoch nur wenige Menschen in der Lage, alle sieben Bauten auf Anhieb zu benennen, und noch weniger wissen Näheres darüber oder gar, wie es zu einer solchen Auswahl kam. Sechs der sieben Bauwerke sind längst zerstört – einige aufgrund natürlicher Umstände, andere von Menschenhand entweiht. Insofern fällt es uns heute sehr schwer, die von den Völkern der Antike empfundene Begeisterung und Bewunderung zu teilen.

Jedes der folgenden Kapitel beschreibt eines der Sieben Weltwunder und wendet sich über das jeweilige Monument hinaus den für seinen Bau verantwortlichen Menschen zu, die davon träumten, etwas zu schaffen, das die ganze Welt bestaunen würde. Zeugnisse von Zeitgenossen, die die Sieben kannten und bewunderten, helfen die ehrfurchtsvolle Scheu verstehen, die sie einzuflößen vermochten; Darstellungen in der Plastik und auf Münzbildern geben die Bauten in der ganzen Pracht ihrer Blütezeit wieder. Doch zum Leben erweckt wurden sie nur durch den Blick der Archäologen, die an den Stätten, wo die Monumente einst standen, Ausgrabungen veranstalteten. Heutzutage befinden sich dort nur noch Bruchstücke und Andeutungen ihrer ursprünglichen Größe – sic transit gloria mundi.

Abb. 1. Marten van Heemskercks phantasievolle Darstellung der ägyptischen Pyramiden aus dem 16. Jahrhundert.

Dieses Buch ist eine Reise durch die Zeit, eine Reise in eine Welt, in der die Denkmäler beim Besucher unfehlbar Staunen hervorriefen. Nur so können wir verstehen, weshalb gerade diese Bauwerke zu den Sieben Weltwundern auserkoren wurden. Im Epilog wird darauf hingewiesen, daß von Zeit zu Zeit auch andere Baudenkmäler der Antike auf die Liste gesetzt wurden, ohne jedoch jemals allgemeine Anerkennung zu finden. Wie die Sieben Weltwunder selbst entstammen sie den unterschiedlichsten Kulturen – ein mahnender Hinweis darauf, daß die Vorbilder der Zivilisation sich niemals gleichbleiben. Eines ist gewiß: Die Meisterwerke von heute werden morgen nur noch die fragmentarischen Überreste der Welt sein, wie wir sie kannten – die Lehre der Sieben Weltwunder ist eine Lehre für alle Zeiten.

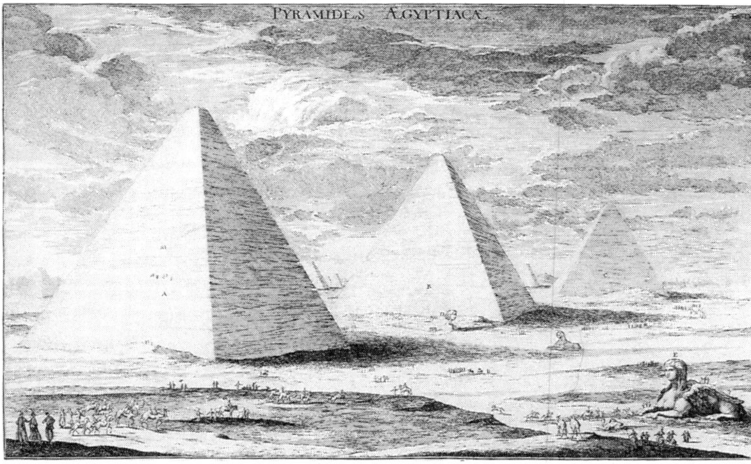

Abb. 2. Johann Fischer von Erlachs Darstellung der ägyptischen Pyramiden aus dem Jahre 1721.

Der österreichische Architekt Johann Bernhard Fischer von Erlach (1656–1723) wandte als einer der ersten wissenschaftliche Untersuchungsmethoden auf das Studium antiker Bauwerke an. Seinen *Entwurf einer historischen Architektur* von 1721 eröffnete er mit dem Vorsatz,

> die Wahrheit, (welche bey allen Vorstellungen den grösten Beyfall verdienet), zu beobachten. Denn man beruffet sich auf die ersten Zeugen, so offt die Gebäude von der Zeit gäntzlich vernichtet worden [...]. So, daß leicht zu erkennen seyn wird; Ob man diesen noch redenden Zeugen mehr gefolget habe, oder anderer ungegründeten vorgemahlten Muthmassungen? Zum Erweiß können so fort im Anfang dienen, die sogenannte Welt-Wunder, welche so vielmahl zum Vorschein kommen, ohne sich anderst, als durch die Überschrifft des Namens kennbar zu machen.

Zweihundertundfünfzig Jahre später gilt die nämliche Zielsetzung. Zwar ist die Aufstellung der Sieben Weltwunder heute ein für allemal festgelegt: die Pyramiden, die Hängenden Gärten, das Standbild des Olympischen Zeus, der Tempel der Artemis, das Mausoleum, der Koloß und der Pharos, und in den achtziger Jahren des 20. Jahrhunderts wissen wir über die Monumente und ihre Erbauer sehr viel mehr als von Erlach. Doch eine umfassende Darstellung der Bauten steht nach wie vor aus, wenn anders wir von den Hirngespinsten, mit denen uns die Nachrenaissance betört hat, die wirklichen Tatsachen scheiden wollen.

Vier der Stätten, wo die Denkmäler standen, sind inzwischen ausgegraben worden: Babylon im Irak, Olympia in Griechenland sowie Halikarnassos und Ephesos in der Türkei. Die Pyramiden zu Gizeh in Ägypten sind gründlich erforscht. Die Keilschrift der alten Babylonier und die Hieroglyphen der Ägypter können mittlerweile entziffert und gedeutet werden, so daß sich uns auch deren Geschichte erschließt. Unsere Detailkenntnis der gesamten Antike hat unterdessen ein solches Ausmaß angenommen, daß sich von den Sieben Weltwundern heute endlich ein einigermaßen realistisches Bild zeichnen läßt. Die phantasievollen Abbildungen einer erfinderischen Renaissance färben jedoch auch noch neuere Darstellungen und tauchen nach wie vor in Lehrbüchern auf. Um ein wahrheitsgetreues Bild zu zeichnen, wie es sich ein von Erlach gewünscht hätte, müssen wir den Schleier lüften, den unsere Vorgänger über die Denkmäler geworfen haben, und wie jener auf die Grundlagen zurückgehen. Anhand antiker Quellen – Werke von Autoren und Künstlern, denen ihre Originalgestalt vertraut war – müssen die Monumente neu untersucht werden. Auch das neuartige Fundmaterial, das bei jüngsten archäologischen Ausgrabungen zutage gefördert worden ist, gehört kritisch gesichtet und ausgewertet.

Der Ursprung der Sieben Weltwunder liegt beim Menschen. Immer wieder stellt er den Wundern der Natur Werke von eigener Hand zur Seite – Werke, die der natürlich gewachsenen Landschaft aufgezwungen werden. Die Frage wird sicherlich nicht bewußt gestellt, doch lauert sie im Unbewußten: Kann der

Mensch je darauf hoffen, es der ewigen Majestät schneebedeckter Gebirge oder der gewaltigen Kraft des Meeres nachzutun, das, vom Orkan gepeitscht, gegen die Klippen brandet? Was den Einhandsegler veranlaßt, sich auf der Weite des Meeres gegen die Elemente zu behaupten, und den Bergsteiger dazu bewegt, unter widrigen Umständen auch noch den steilsten Gipfel zu erklimmen, ist ein natürlicher Instinkt. Ebenso fühlen sich auch Baumeister und Bildhauer dazu getrieben, ihre Visionen in noch nie dagewesener Form auszudrücken, Denkmäler zu errichten, die nicht nur ihre Erschaffer überdauern, sondern auch die Zivilisation, die sie hervorgebracht hat. Über der schwarzen Marmorplatte, die das Grab Sir Christopher Wrens in der Krypta von St. Paul's Cathedral bedeckt, befindet sich die Inschrift: »Si monumentum requiris, circumspice« (»Wenn du ein Denkmal suchst, so schau um dich herum«). Wrens Monument war die Kathedrale selbst, sein architektonisches Meisterwerk. Das Denkmal des römischen Dichters Horaz war seine Poesie – »dauerhafter als Erz«. Derartige Gefühlsanwandlungen ziehen sich durch sämtliche Epochen. In dem Bestreben, die Grenzen zu überwinden, die uns Sterblichen nun einmal gesetzt sind, liegt der eigentliche Grund für die Vorstellung, sieben bedeutende Monumente unter dem Namen »Sieben Weltwunder« gruppieren zu können. Die Fähigkeit des modernen Menschen, sich die Kräfte der Natur nutzbar zu machen und seine natürliche Umwelt radikal zu verändern, verleiht ihm trotz seiner Hinfälligkeit, trotz seiner kurzen Lebensspanne so etwas wie Unsterblichkeit. Ehrfurcht vor und Stolz auf die bedeutendsten Baudenkmäler der Vergangenheit und der Gegenwart lösen naturgemäß Verwunderung aus.

Dabei wurden derartige Monumente zunächst gar nicht einmal als »Wunderwerke« aufgeführt, sondern vielmehr als »Sehenswürdigkeiten«. Sie galten den Griechen nicht als *thaumata* (»Wunderbares, Wunderwerke«), sondern als *theamata* (»Sehenswertes, Schauwerke«), vergleichbar etwa den aufsehenerregenden Bauten, die die Seiten moderner Reiseführer füllen.

Abb. 3. Vom Mausoleum von Halikarnassos gibt es zahlreiche Rekonstruktionsversuche. Marten van Heemskercks Darstellung ist bildhafter als Fischer von Erlachs architektonisch ausgewogene Konstruktion (Abb. 4). Einzelne Aspekte des Monuments lösen noch heute Debatten aus (vgl. Abb. 60).

Als Weltsehenswürdigkeiten wurden sie schließlich so sehr bewundert, daß sie im allgemeinen Sprachgebrauch zu veritablen »Wundern« wurden. *Theamata* wurde sprachlich einfach umgedeutet zu *thaumata*. Spätere Geschlechter würdigten die Leistungen ihrer Vorgänger und ihrer Zeitgenossen und stellten allmählich jene Liste auserlesener Denkmäler zusammen, die uns noch heute als die Sieben Weltwunder gelten.
Die Siebenzahl, wie die Drei eine unteilbare Glückszahl, hat infolge ihrer Verwendung in Magie und Religion große Bedeutung erlangt. Als einzige unter den ersten zehn Zahlen ist sie

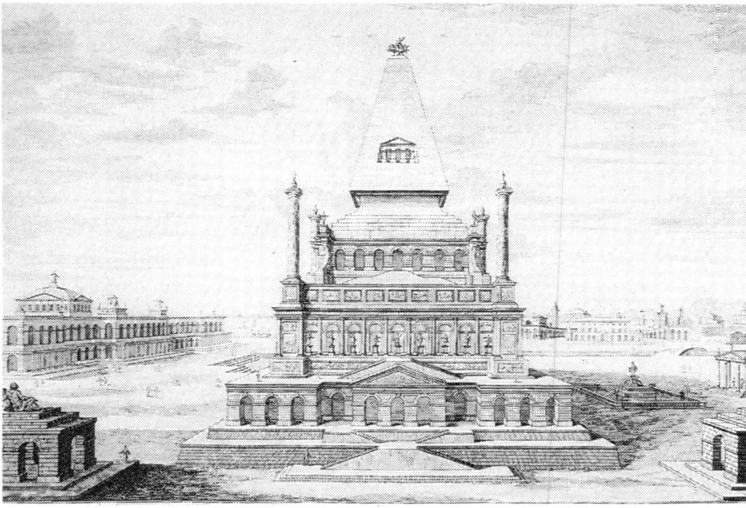

Abb. 4. Johann Fischer von Erlachs Rekonstruktion des Mausoleums von Halikarnassos.

weder Faktor noch Produkt irgendeiner von ihnen – eine jungfräuliche Zahl, der denn auch der griechische Philosoph und Mathematiker Pythagoras und seine Anhänger den Namen der jungfräulichen Göttin Athena Parthenos beilegten. Die Siebenzahl begrenzt, ohne allzusehr einzuschränken. Möglicherweise aber noch wichtiger ist die Gleichbehandlung, die sie erlaubt: Unter den sieben Bauwerken wird keinem der Vorzug gegeben. Denn eine höhere Zahl hätte eine Unterteilung herausgefordert und dazu ermuntert, ja genötigt, die aufgeführten Gegenstände in der Reihenfolge ihrer relativen Bedeutung anzuordnen. Eine niedrigere wiederum hätte zwangsläufig zum Ausschluß von Gegenständen gleichen Ranges geführt und einen Streit um die richtige Auswahl entfacht, der nie zu schlichten gewesen wäre. So stehen denn die Sieben Weltwunder neben den Sieben Todsünden, den Sieben Weisen, dem siebenarmigen Leuchter (Menora) im Tempel zu Jerusalem und den Sieben Himmelstöchtern des Atlas (jenem Siebengestirn, das die alten Griechen »Plejaden« nannten).

Bei der Zusammenstellung der Liste wählten die Menschen verschiedener Epochen und Kulturen die hervorragendsten Monumente in ihrer Umgebung aus, und es ist nur natürlich, daß sie nicht bloß einen Kernbestand unbestrittener Meisterwerke aufnahmen, sondern auch eine Reihe von Werken, denen die allgemeine Anerkennung versagt blieb. Um eine als kanonisch geltende Liste kompilieren zu können, wurde es daher notwendig, unter den zahlreichen Monumenten, die von anderen ausgesucht worden waren, eine weitere Auswahl zu treffen. Das Verzeichnis, das wir heute kennen, wurde erst in der Renaissance festgeschrieben – zu einer Zeit, da die Gelehrten voller Bewunderung auf die Welt des Römischen Reiches vor tausend Jahren zurückblickten. Aus dem zeitlichen Abstand vermochten sie mit unbefangenem Blick jene Baudenkmäler zu bestimmen, die tatsächlich den größten Eindruck hinterlassen hatten. In einer Folge von Kupferstichen des niederländischen Künstlers Marten van Heemskerck (1498–1574), die die heute akzeptierte Liste umfassen, schlugen sich die Vorstellungen seiner Generation nieder. Möglicherweise wurde die Liste erst nach Ausführung dieser Stiche für alle Zeiten verbindlich, doch die Einzelheiten eines jeden Bauwerks mußten seitdem dem wissenschaftlich strengen Blick von Gelehrten wie Fischer von Erlach standhalten. Das Material, auf das van Heemskerck, von Erlach und ihre Zeitgenossen sich stützen konnten, bestand aus den überlieferten literarischen Quellen der Antike – Geschichtsschreiber, Redner und Dichter, die durch Jahrhunderte klassischer Zivilisation ihre Umwelt gesichtet und eine eigene Auswahl vorgenommen hatten. In gleicher Weise können wir auf die Welt der Antike zurückblicken, um herauszufinden, wie sich die Idee der Sieben Weltwunder entwickelte und verbreitete, bis sie schließlich im gesamten Abendland anerkannt und akzeptiert wurde.

Heute tauchen die Wunder ja sogar in den Werbespots der Medien auf.
Die Liste der Sieben Weltwunder geht im Keim auf die *Historien* des Herodot Mitte des 5. Jahrhunderts v. Chr. zurück. Herodot, oft als »Vater der Geschichtsschreibung« bezeichnet, wurde um 484 v. Chr. in Halikarnassos (dem heutigen Bodrum an der Südwestküste der Türkei) geboren und widmete sich zeit seines Lebens der Darstellung des Zusammenstoßes zwischen den beiden großen Zivilisationen seiner Epoche. Im Osten waren die Perser, die knapp einhundert Jahre vor Herodots Geburt das gesamte Gebiet Kleinasiens erobert hatten. Rund um das Ägäische Meer lebten die Griechen, die nunmehr, wie Herodot, zu großen Teilen Untertanen des Großkönigs von Persien waren. Den Griechen war daran gelegen, jeden Vorstoß der Perser zur Ausdehnung ihres Reiches nach Westen hin abzuwehren. Aus der großen Seeschlacht in der Bucht von Salamis im Jahre 480 v. Chr. gingen die Griechen als Sieger hervor. Die persische Expedition unter Führung des Großkönigs Xerxes wurde zurückgeschlagen, allerdings erst, nachdem Athen selbst zerstört worden war. Wunderbarerweise stieg die Stadt jedoch wie der legendäre Phönix aus der Asche neu auf, und die herrlichen Gebäude der Akropolis sind recht eigentlich jenem Zerstörungswerk zu verdanken.
Wie viele seiner Zeitgenossen bestaunte Herodot die gewaltigen Leistungen der Perser und der großen Zivilisationen des Orients. Er war sich nicht nur der Bedeutung des griechischen Triumphs über das größte Reich, das die Welt je gesehen hatte, bewußt, sondern auch der visionären Kraft, die sich seitdem in der Blüte der griechischen Kultur abzeichnete. Babylon hielt er für die imposanteste Stadt überhaupt und war fasziniert von der Welt der Ägypter. Unter allen Monumenten, die er in seinen *Historien* beschreibt, widmet er die größte Aufmerksamkeit den Pyramiden (Abb. 1 und 2). Zu jener Zeit war es allerdings noch nicht möglich, eine Auswahl von Sieben Weltwundern zu treffen. Herodot schrieb um die Mitte des 5. Jahrhunderts, zwei-

hundert Jahre vor dem Bau des letzten der Monumente, die der heutige Kanon verzeichnet. Er blickte zurück in die Geschichte und war wie verzaubert von den Errungenschaften der Vergangenheit, die bis in seine Zeit überdauert hatten. Wißbegierig tat er sich in der Kultur seiner eigenen Epoche um, wollte er doch die Wirkung der Vergangenheit auf die Gegenwart ebenso wie die der Gegenwart auf die Zukunft studieren. Durch eine merkwürdige Fügung sollte sein Geburtsort Halikarnassos einhundert Jahre später selbst Standort eines der Denkmäler werden, die unter die Sieben Weltwunder eingereiht wurden, nämlich des Mausoleums (Abb. 3 und 4).

Herodot läßt uns nicht im Zweifel darüber, daß im 5. Jahrhundert v. Chr. unter allen erhaltenen Überresten untergegangener Zivilisationen zwei wahrhaft außerordentliche Bauwerke herausragten – die wunderbare Stadt Babylon und die sich emportürmenden Pyramiden Ägyptens. Wir haben keinerlei Anhaltspunkte dafür, daß die Minoer und die Mykener, die Vorfahren der Griechen in der Ägäis, irgendwelche Ruinen hinterlassen hätten, die denen der Babylonier und Ägypter gleichkämen. Wenn wir Herodots Empfindungen analysieren, so wird uns klar, daß ihm vor allem die schieren Dimensionen Eindruck machten. Als er vor den Pyramiden von Gizeh verharrte, überkam ihn ein Gefühl der Ehrfurcht davor, daß der Mensch imstande ist, es der Natur in der Erschaffung von Berggipfeln gleichzutun. Genauso verhält es sich mit jedem anderen der Sieben Weltwunder, das Aufnahme in die Liste fand. Größe, Erhabenheit und Schönheit waren die Eigenschaften, die Ehrfurcht hervorriefen – Ehrfurcht, die ihrerseits Staunen erweckte. Indes ist Größe nicht unbedingt ein Merkmal, das wir mit den bedeutenderen Meisterwerken der Griechen zu assoziieren gewohnt sind, zeichnen sich doch architektonische Schmuckstücke wie der Parthenon und das Erechtheion – Bauwerke, die zu Herodots Lebzeiten in Athen errichtet wurden – eher durch künstlerische Vollendung und größte Aufmerksamkeit für das Detail aus. Wenn allerdings viele Überreste der griechischen Zivilisation

Abb. 5. Marten van Heemskercks Rekonstruktion der Stadt Babylon wird im Vordergrund von den Festungsmauern beherrscht. Die Hängenden Gärten nehmen den Hintergrund rechts ein.

relativ geringe Ausmaße besitzen, so gibt es doch auch zahlreiche Monumente, die spätere Geschlechter nicht nur wegen ihrer bemerkenswerten Ausführung im Detail, sondern auch wegen ihrer Größe bestaunen konnten.

Einhundert Jahre nach Herodot, im Jahre 359 v. Chr., bestieg Philipp II. den Thron Makedoniens. Er nutzte seine militärischen Fähigkeiten dazu, seinen Einfluß über die Stadtstaaten auszudehnen, die das heute unter dem Namen Griechenland bekannte Territorium ausmachten. Kurz vor seinem Tode im Jahre 336 v. Chr. bereitete Philipp eine Expedition zur Befreiung der Hellenenstädte Kleinasiens von der persischen Herrschaft vor. Sein Sohn und Nachfolger Alexander der Große übernahm von Philipp die Vision eines vereinigten Griechenlands unter makedonischer Oberherrschaft. Im Jahre 334 v. Chr. führte Alexander sein Heer über die Meerenge, die Europa von Asien trennt, den Hellespont (die heutigen Dardanellen) – ein Ereignis, das den Verlauf der Geschichte ändern sollte. Denn Alexander befreite zunächst die Griechenstädte und stieß sodann durch das gesamte persische Reich bis nach Indien vor, um sich zum König von Asien aufzuschwingen. Seine Erfolge bewirkten einen Wandel in der Auffassung der Griechen von sich und ihrer Kultur. Von nun an war die Welt der Griechen mit der des Ostens verbunden, und es machte sich eine universellere Sichtweise menschlicher Kulturleistungen geltend. Dies war der Wendepunkt von der hellenischen zur hellenistischen Welt; erst danach finden wir die Zusammenstellung einer Liste hervorragender Baudenkmäler, die schließlich zur Auswahl der Sieben Weltwunder führte.

Die Griechen der von Alexander d. Gr. geschaffenen neuen Welt konnten diese mit der Welt der Vergangenheit vergleichen. Die beiden Monumente, die Herodot so stark beeindruckt hatten, die Pyramiden Ägyptens und die Stadt Babylon, beherrschten sichtlich immer noch die Architektur des ausgedehnten makedonischen Reiches. In Babylon standen gleich zwei unübertroffene Bauten: die riesigen Mauern, die die Stadt umschlossen, und die faszinierenden Hängenden Gärten, und es überrascht nicht, daß diese bereits in die frühen Listen der Denkmäler Eingang fanden (Abb. 5).

Vergegenwärtigt man sich hingegen die unmittelbare Vergangenheit vor der makedonischen Eroberung des Ostens, das »klassische« Griechenland des 5. und 4. Jahrhunderts v. Chr., so springt vor allem ein gewaltiger Tempel ins Auge: das Artemision von Ephesos, in dem zur Zeit der Römer Diana, die große Göttin der Epheser, verehrt wurde. Die Griechen konnten außerdem auf das hünenhafte Standbild des Zeus zu Olympia sowie auf das in Halikarnassos stehende große Grabmal des persischen Vasallen Mausolos verweisen – zwei Monumente, die

Abb. 6. Johann Fischer von Erlach und Marten van Heemskerck (vgl. Abb. 66) sind sich einig in der Annahme, daß der Koloß von Rhodos, wie auch Shakespeare uns glauben machen will, breitbeinig über der Hafeneinfahrt stand. Eine solche Position wäre den Bronzebildnern der Antike aus technischen Gründen verwehrt gewesen.

andere in Betracht kommende Bauten an Ausdehnung und Ausführung bei weitem übertrafen. Auch diese waren das Erbe älterer Geschlechter und besaßen Eigenschaften, die im Betrachter ehrfürchtiges Staunen hervorriefen. Ihren Schöpfern verliehen sie jene Unsterblichkeit, die jede Generation für sich erstrebt.

Die beiden jüngsten Monumente, die in den Kanon der Sieben Weltwunder aufgenommen wurden, erlauben einen Hinweis auf den Zeitpunkt, zu dem eine solche Liste zusammengestellt worden sein könnte. Das frühere der beiden war der Koloß, die Statue des Sonnengottes Helios, die in der Hafeneinfahrt der Stadt Rhodos stand (Abb. 6). Sie wurde der Gottheit als Dankesgabe errichtet, zum Gedächtnis an die erfolgreiche Abwehr der sich lange hinziehenden Belagerung von Rhodos durch makedonische Streitkräfte im Jahre 305 v. Chr. Vermutlich wurde das Standbild lange vor 250 v. Chr. vollendet. Das letzte der Sieben Weltwunder, das erst tausend Jahre später in den entsprechenden Listen auftaucht, ist der große Leuchtturm von Alexandria in Ägypten, der Pharos, der sämtlichen Leuchtfeuern der griechischen Antike den Namen gab. Dieser wurde unter Ptolemaios II. Philadelphos (284–246 v. Chr.) errichtet, dessen Königreich nach dem Tode Alexanders von seinem Vater Ptolemaios I. aus dem makedonischen Reich herausgelöst worden war.

Der Koloß von Rhodos überdauerte die Fertigstellung des Pharos nur kurze Zeit. Im Jahre 226 v. Chr. wurde Rhodos von einem furchtbaren Beben heimgesucht, das die Statue zum Einsturz brachte. Die Inselbewohner waren zwar bestrebt, diese erneut aufzurichten, sie blieb jedoch jahrhundertelang dort liegen, wo sie hingefallen war. Hier konnte sie von jedermann besichtigt werden, doch der traurige Anblick zerbrochener Bronzestücke konnte die Aufnahme des Kolosses in die Liste der sieben meistbewunderten Werke der Menschheit schwerlich rechtfertigen, mochte die Aufstellung der Statue eine noch so großartige Leistung gewesen sein. Obwohl sich die Liste in ihrer endgültigen Form erst zur Zeit der Renaissance herausbildete, als die meisten Monumente bereits zu Staub zerfallen waren, müssen die dreißig Jahre zwischen dem Bau des Pharos und der Zerstörung des Kolosses gleichwohl als eine Periode angesehen werden, die für das Aufkommen der Idee von den Sieben Wunderwerken entscheidend war. Um diese Zeit verfaßte Kallimachos von Kyrene (305–240 v. Chr.), der eine bedeutende Stellung in der Alexandrinischen Bibliothek in Ägypten bekleidete, eine Abhandlung unter dem Titel *Sammlung von Wunderwerken in allen Ländern der Erde*. Zwar hat sich diese Sammlung nicht erhalten, und auch ihren Inhalt kennen wir nicht, doch hat ihr Vorhandensein die Auswahl einiger weniger Bauwunder sicherlich beschleunigt und letzten Endes zu der Zusammenstellung der Sieben Weltwunder selbst geführt. Die erste Aufzählung von sieben derartigen Monumenten findet sich in einem kurzen Gedicht, das dem griechischen Dichter Antipatros von Sidon (an der Küste Palästinas) zugeschrieben wird, nur wenig mehr als hundert Jahre nach dem Tode des Kallimachos. Das Epigramm ist ein Ausdruck der Bewunderung für diese großartigen Bauleistungen der Menschheit:

> Babylons ragende Stadt, ich sah sie mit Mauern, auf denen
> Wagen fahren. Ich hab' Zeus am Alpheios gesehn,
> sah des Helios Riesenkoloß und die Hängenden Gärten,
> auch den gewaltigen Bau der Pyramiden am Nil
> und des Mausolos prächtiges Mal. Doch als ich dann endlich
> Artemis' Tempel erblickt, der in die Wolken sich hebt,
> blaßte das andre dahin. Ich sagte: »Hat Helios' Auge
> außer dem hohen Olymp je etwas Gleiches gesehn?«
>
> (Übers. von H. Beckby)

Die Stadtmauern und die Hängenden Gärten von Babylon, die Pyramiden von Ägypten, das Standbild des Zeus in Olympia, der Koloß von Rhodos, das Grabmal des Mausolos und der Tempel der Artemis zu Ephesos – das entspricht so sehr der Aufzählung, wie wir sie heute kennen, daß wir die Idee der Sieben Weltwunder getrost auf das 2. Jahrhundert v. Chr. datieren dürfen.

Die Große Pyramide von Gizeh

Von Peter A. Clayton

Die ägyptischen Pyramiden sind von jeher unter die Sieben Weltwunder gezählt worden; im Mittelpunkt der Aufmerksamkeit steht jedoch die Große Pyramide von Gizeh, die die Liste anführt. Sie ist nicht nur der älteste, sondern auch der einzige Wunderbau, der heute noch steht, fast vollständig erhalten und für alle sichtbar. Die um 2560 v. Chr. für den Pharao Khufu oder Cheops (wie der ägyptische Priester und Geschichtsschreiber Manetho ihn nennt) aus der 4. Dynastie errichtete Pyramide stellt den Höhepunkt der Pyramidenbaukunst des Alten Reiches dar.

Der aus Sebbenytos im Nildelta stammende Manetho verfaßte während der Regierungszeit Ptolemaios' II. (284–246 v. Chr.) eine Geschichte Ägyptens, in der er die altägyptische Historie in dreißig aufeinanderfolgende Dynastien einteilt. Diese gliedern sich in drei Hauptabteilungen: das Alte Reich (1. bis 6. Dynastie, um 3100–2181 v. Chr., obwohl die ersten drei Dynastien auch als Frühzeit bezeichnet werden), das Mittlere Reich (11. und 12. Dynastie, um 2133 – um 1786 v. Chr.) und das Neue Reich (18. bis 20. Dynastie, um 1567 – um 1085 v. Chr.). Bei diesen drei Hauptperioden handelt es sich um Zeiten stabiler Zentralregierung (altägyptisch *ma'at*, mit dem Schriftzeichen der Feder als Göttin personifiziert, die die für die Ägypter verbindlichen Normen wie Wahrheit, Ordnung, den immergleichen Lebenszyklus usw. setzte). Zwischen diesen Reichsperioden gab es Zeiten der Instabilität, in denen die Zentralgewalt zusammenbrach. Diese sind als 1. Zwischenzeit (7. bis 10. Dynastie, um 2181 – um 2133 v. Chr.) bzw. 2. Zwischenzeit (13. bis 17. Dynastie, um 1786 – um 1567) bekannt. Während der letztgenannten

Periode war Ägypten mit der Herrschaft der Hyksos erstmals der Macht eines fremden Volkes unterworfen. Diese sogenannten Hirtenkönige drangen aus der Gegend des heutigen Syrien und Palästina nach Unterägypten ein und wurden erst Mitte des 16. Jahrhunderts v. Chr. von kriegerischen Fürsten des oberägyptischen Theben vertrieben, die mit der 18. Dynastie das Neue Reich gründeten. Die Periode nach der 20. Dynastie (um 1085–343 v. Chr.) wird von den Ägyptologen entweder als 3. Zwischenzeit oder als Spätzeit bezeichnet. Hierzu gehört die 26. Dynastie der Saiten (664–525 v. Chr.), eine Blütezeit ägyptischer Kunst und Architektur. Die 27. Dynastie (525–404 v. Chr.) brachte die Herrschaft der Perser, doch von der 28. bis zur 30. Dynastie konnten sich wieder einheimische Machthaber durchsetzen. Nach dem Tode des letzten eingeborenen Pharaos, Nektanebo II., im Jahre 343 v. Chr. wurde Ägypten erneut von Persien regiert, nach seiner Eroberung durch Alexander den Großen 332 v. Chr. von den griechischen Makedoniern der ptolemäischen Dynastie. Nach dem Freitod der letzten Königin aus dem Geschlecht der Ptolemäer, Kleopatra VII. Philopator, wurde Ägypten römische Provinz (30 v. Chr.).

Der Pyramidenbau ist im wesentlichen ein altägyptisches Phänomen, obwohl pyramidenförmige Anlagen auch in anderen Weltgegenden aufgetreten sind, vornehmlich in der Neuen Welt. Dort jedoch dienten sie nicht nur anderen Zwecken, sondern nahmen auch andere Gestalt an. Überdies wurde die früheste unter ihnen erst tausend Jahre nach der letzten ägyptischen Königspyramide errichtet. Die Pyramide des Cheops (um seinen allgemein gebräuchlichen griechischen Namen zu verwenden) ist nicht etwa ein isoliertes Vorkommnis, sondern Höhepunkt einer langen Entwicklung von Grabbauten, die in Gizeh kulminierte und danach wieder verkam. Die Pyramiden der 5. und 6. Dynastie bieten einen weniger rühmlichen Anblick, und die letzten Königsgräber der 11. und 12. Dynastie sind auch nicht viel besser gelungen. Während des Neuen Reiches wurden die Fürstenbestattungen in der religiösen Hauptstadt Theben (dem heutigen

Luxor) in Oberägypten vorgenommen. Die Leichname wurden im »Tal der Könige« verborgen, einem Tal auf dem Westufer des Nils, das auch heute noch von einer emporragenden Naturpyramide namens »Frau vom Gipfel« bewacht wird. Diese ist der Göttin Meretseger (»die die Stille liebt«) geweiht.
Pyramiden sind der Inbegriff des altägyptischen Königtums. Indessen besitzen die gewaltigen Königsgräber eine lange Reihe von Vorläufern, die bis zu den kleinen Königsgräbern der ältesten Dynastien zurückreichen. Architekturgeschichtlich handelt es sich um eine fortlaufende Entwicklung, die in der großen Pyramide gipfelt. Unter Ägyptologen wird noch immer darüber debattiert, ob die königlichen Ruhestätten der ersten beiden Dynastien (um 3100 – um 2686 v. Chr.) in Abydos, einer dem Totengott Osiris geweihten Stätte in Oberägypten, zu suchen seien oder vielmehr in Saqqara, der Nekropole der altägyptischen Residenz Memphis südlich der heutigen Hauptstadt Kairo. Das Problem besteht darin, daß dem Pharao gleich zwei Gräber bereitet wurden, die eigentliche Grablege und ein Kenotaph (Leergrab). In dieser doppelten Ausstattung erfüllte sich der altehrwürdige Titel, den der Pharao seit der Vereinigung von Ober- und Unterägypten unter Menes (oder Narmer) um 3100 v. Chr. innehatte: »König von Ober- und Unterägypten, Herr über beide Länder«. Folglich hatte er in jedem Reichsgebiet ein Grabmal. Da die Anlagen nicht nur von den Verwüstungen früher Grabräuber, sondern auch von der Zeit gezeichnet sind, fiel den beiden bedeutendsten Ausgräbern der beiden Stätten, Flinders Petrie und Walter B. Emery, eine schlüssige Beantwortung der Frage überaus schwer. Oft waren die einzigen Beweismittel, die sich im Schutt fanden, beschriftete Weinkrugsiegel; im übrigen lagen nur noch Tonscherben und andere Bruchstücke herum, die die Räuber als unnütz ausrangiert hatten. Die von ihnen verschmähten Artikel vermitteln uns nur noch eine blasse Vorstellung von dem prächtigen Mobiliar aus geschnitztem Holz und Elfenbein oder von den kunstvollen Tierdarstellungen wie elfenbeinernen Löwen und Löwinnen, Jagdhunden usw.,

die als Spielmarken Verwendung fanden. All dies war in den Seitenräumen untergebracht, die sich an die zentrale Grabkammer anschlossen.

Die Bauten in Abydos und Saqqara fielen unterschiedlich aus. In Abydos waren die Grabkammer und die mit ihnen verbundenen Vorratsräume in den Felsgrund getrieben und mit Holzbalken überdacht, die unter einem niedrigen Hügel begraben waren. In Saqqara verhielt es sich ähnlich, doch hatte der Oberbau der Grabstätte die Form einer Mastaba (von den Arabern so genannt, weil sie den Bänken vor den Haustüren der Eingeborenen ähnelte). Dieser niedrige Flachdachbau wies eine verzierte Fassade aus Lehmziegeln auf, die man als »Palastfassade« bezeichnet. Die gegliederten Außenwände bestanden in einem Wechsel von Pilastern und Nischen. Im Grabmal der Königin Herneith zu Saqqara stieß Emery auf eine Kombination beider Oberbauten: Eine direkt über der Grabkammer befindliche Hügelpyramide war vom Mauerwerk der »Palastfassade« umgeben. Er hielt dies für den Prototyp eines jüngeren Königsgrabs, der gleichfalls in der Totenstadt gelegenen Stufenpyramide König Djosers aus der 3. Dynastie (weniger als eineinhalb Kilometer entfernt). Die Mastaba wurde zum gängigen Grabbau der Vornehmen des Alten Reiches, für die Pharaonen hingegen wurde der Typus weiterentwickelt. Djoser, der dritte König der 3. Dynastie, ließ sein Grabmal um 2670 v. Chr. durch seinen Wesir und Baumeister Imhotep (in der Spätzeit zum Gott der Heilkunde und der Baukunst erhoben) errichten. Imhotep führte eine Neuerung ein: Erstmals in der Geschichte bediente er sich, unter Verwendung kleiner Blöcke, der Steinbauweise. Djosers Grab, die Stufenpyramide, begann als eine normale Mastaba, wurde jedoch dreimal erweitert, so daß sie nunmehr aus drei übereinandergestellten Mastaben besteht, die sich in sieben Stufen zu einer Höhe von etwa 70 m erheben. Dies nun ist der erste Pyramidalbau, wenn auch keine Pyramide im eigentlichen Sinn, da seine Seiten, die »Stufen«, nicht aufgefüllt wurden, um eine glatte Oberfläche zu schaffen.

Djosers Nachfolger auf dem Thron, Sechemchet, ließ sein eigenes Grab ganz in der Nähe errichten. Obwohl es nicht vollendet wurde, wissen wir, daß es im gleichen Stil erbaut wurde. Huni, der letzte König der 3. Dynastie, ließ seine Pyramide um 2615 v. Chr. in Meidum südlich von Saqqara erbauen. Diese war zunächst als Stufenpyramide konzipiert, doch wurden die Stufen später aufgeschüttet, um ihr zu einem geglätteten Steinmantel zu verhelfen. Freilich scheint es dabei zu Fehlberechnungen gekommen zu sein, denn später stürzte die Pyramide ein und endete in ihrem heutigen Zustand, der ihr das merkwürdige Aussehen, fast möchte man meinen, eines Leuchtturms (Pharos) verleiht.

Zu Anfang der 4. Dynastie begann deren erster König, Snofru, seinen Grabbau in der eigentlichen, heute akzeptierten Pyramidenform. Er ließ gleich zwei Pyramiden errichten, beide in Dahschur, im Abstand von etwa eineinhalb Kilometern. Die ältere der beiden ist wegen einer Änderung des Böschungswinkels von 54° auf 42,5° und der hieraus resultierenden Rhomboidform unter dem Namen »Stumpfe Pyramide« oder »Knickpyramide« bekannt. Der englische Ingenieur Kurt Mendelssohn hat die Ansicht vertreten, daß die Pyramiden in Meidum und Dahschur nicht nacheinander, sondern gleichzeitig aufgeführt wurden. In Meidum sei es, möglicherweise nach einem heftigen Regenfall, zu einer plötzlichen Baukatastrophe gekommen. Vermutlich habe der in Dahschur tätige Architekt die steile Wandschrägung für eine mitwirkende Ursache gehalten und den Neigungswinkel der Pyramide in Dahschur entsprechend verringert, wodurch die »Knickpyramide« ihr bestimmtes Aussehen erhalten habe. Der zweite Pyramidenbau Snofrus, die »Rote Pyramide«, ist in dem verminderten Böschungswinkel von 43° 36′ angelegt, also in einem sehr viel kleineren Winkel als seine Vorgängerbauten.

Dies also sind die Vorbilder der Cheopspyramide von Gizeh. Als Sohn Snofrus muß Cheops mit den architektonischen und logistischen Problemen der Grabmäler seines Vaters vertraut gewesen sein. Die Pyramidenform selbst hing aufs engste mit der

Verherrlichung des Sonnengottes Re in Heliopolis zusammen. Sie ging auf den gedrungenen Obelisken zurück, auf dem sich in den Schöpfungsmythen der Reihervogel Benu niederließ, und stellte zugleich die Kulmination der Sonnenstrahlen bei Berührung der Erde dar – ein Naturphänomen, das sich bei entsprechenden Witterungsverhältnissen auch heute noch beobachten läßt. Als Cheops mit der Konstruktion seiner Pyramide begann, konnte er sich insofern nicht nur an einer langen Baugeschichte orientieren, sondern auch an einem religiösen Symbolgehalt.

1974 veröffentlichte Kurt Mendelssohn zwei interessante Thesen. Die erste besagte, daß der Einsturz der Pyramide von Meidum die sichtbare Veränderung in der Konstruktion des Baus in Dahschur beeinflußte, die zweite – mit der ersten eng verbunden – lautete, daß einige Pyramiden des Alten Reiches nicht nacheinander erbaut wurden (d. h. im Einklang mit dem Bedürfnis des jeweiligen Pharaos nach einem Bestattungsort), sondern möglicherweise, wie im Falle von Meidum und Dahschur, gleichzeitig entstanden. Zur Erhärtung seiner Thesen fügte er eine weitere Beobachtung hinzu: daß es im Alten Reich mehr Pyramiden als (namentlich bekannte) Pharaonen gab. Demnach wurden anscheinend nicht alle Pyramiden für Bestattungszwecke benutzt. So ist etwa die Grabkammer in Meidum nicht nur sehr klein, sondern nicht einmal vollendet worden; es gibt keinen Anhaltspunkt dafür, daß sie je einen Sarkophag aufgenommen hätte. In Dahschur wiederum konnte sich Snofru nur in einer der beiden Pyramiden bestatten lassen. Daher stellte Mendelssohn die radikale Theorie auf, daß der Pyramidenbau nicht nur religiösen Motiven entsprang, sondern zugleich einen anderen Zweck verfolgte: daß er nämlich ein gigantisches nationales Unternehmen darstellte, welches dem ägyptischen Staat bei seiner Entwicklung inneren Zusammenhalt verlieh. Zugegebenermaßen hat sein Lösungsvorschlag nicht bei allen Ägyptologen Anklang gefunden, doch hat er zumindest Licht auf eine Reihe von Problemen geworfen und sollte deswegen nicht einfach beiseite geschoben werden.

Mit Huni, dem letzten König der 3. Dynastie, tritt beim Pyramidenbau in Meidum eine weitere Neuerung auf. Wir finden hier die Anfänge des »Pyramidenkomplexes«, in dem die Pyramide zusammen mit anderen Gebäuden eine feste Anordnung bildet. (Bereits in Saqqara stand die Stufenpyramide innerhalb eines riesigen Kultbezirks mit dazugehörigen Scheinbauten.) Der Begräbniskomplex der Pyramiden bestand aus vier Komponenten. Am Westrand des Fruchtlands befand sich ein Taltempel, der den einbalsamierten Leichnam des Pharaos aufnahm, wenn dieser auf dem Flußweg von den Werkstätten der Einbalsamierer zur Beisetzung eintraf. Vom Taltempel führte ein langer Damm oder Aufweg zur Pyramide. Anfänglich wurde dieser als Fahrbahn benutzt, um die riesigen Steinblöcke, die zur Zeit der Nilschwelle auf Lastkähnen beim Taltempel eintrafen, zur Pyramide weiterzutransportieren. War diese Seite des Pyramidenbaus abgeschlossen, erhielt der Aufweg religiöse Bedeutung. Seine aufgeführten Seitenwände wurden mit Reliefszenen verziert (wie wir sie an dem rekonstruierten Abschnitt des Aufwegs von Pharao Unas aus der 5. Dynastie in Saqqara erkennen) und überdacht. Lediglich ein schmaler Schlitz blieb offen, um etwas Licht einzulassen. Entlang dieser eingefaßten Strecke wurde die Leiche des Pharaos zum Toten- oder Pyramidentempel überführt. Von hier wurde die Mumie nach angemessenen Riten um die Pyramide herum zum Eingang auf der Nordseite und von dort ins Innere der Grabkammer geleitet. Der Totentempel der Großen Pyramide steht heute noch vor der Plattform der Ostseite, wenn auch in sehr verfallenem Zustand. An der Erdoberfläche ist noch der Aufweg auszumachen, doch der Taltempel ist noch nicht freigelegt worden. Er liegt weiter östlich unter dem heutigen Fellachendorf am Rande des Fruchtlands.

Cheops wählte für seine Grabanlage einen neuen Standplatz, das Plateau von Gizeh am Rand der Libyschen Wüste. Wenigstens zwei bedeutende Nachfolger der 4. Dynastie sollten es ihm nachtun: Chephren (Khaefre) und Mykerinos (Menkaure) (Abb. 7). Wir vermuten, daß ein Vetter von Cheops, der Wesir

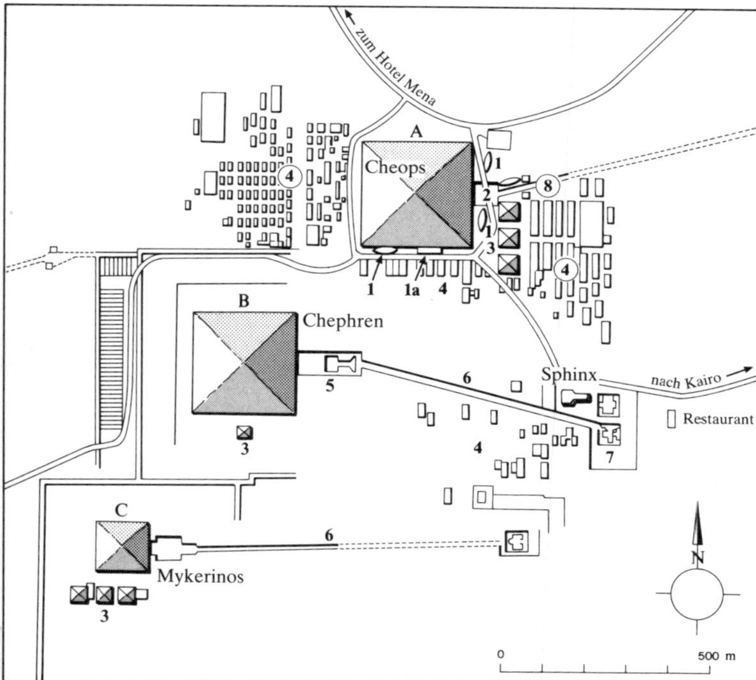

1 Sonnenschiffgruben
1a Sonnenschiffmuseum
2 Totentempel des Cheops
3 Pyramiden der Gemahlinnen des Cheops
4 Mastaben der 4. und 5. Dynastie
5 Totentempel des Chephren
6 Aufweg
7 Taltempel des Chephren (Granittempel)
8 Mastaben von Qar und Idu
A Eingang zur Cheopspyramide
B Eingang zur Chephrenpyramide
C Eingang zur Mykerinospyramide

Abb. 7. Lageplan des Pyramidenkomplexes von Gizeh.

Hemon, die Stelle des Baumeisters, oder wohl eher: des Bauleiters, bekleidete. Sein Sitzbild, das im vergangenen Jahrhundert in einem Grab in Gizeh geborgen wurde und heute im Roemer-Pelizaeus-Museum in Hildesheim aufbewahrt wird (Abb. 8), zeigt einen Mann von kraftvollem Körperbau, dessen Leibesfülle nach der Art der altägyptischen Bildhauerei eine Persönlichkeit von Rang und Ansehen charakterisieren sollte. Die meisten statuarischen Darstellungen dieser Art neigen zur Idealisierung und führen ihren Gegenstand in der Blüte seiner Jahre vor. Freilich sind Hemons Gesichtszüge durch Grabräuber entstellt worden, die die eingelegten Augen herausbrachen – Augen, welche ihm ein lebensechtes Aussehen verliehen hatten. Diesen Effekt erzielte man dadurch, daß man für die Pupillen Obsidian und Bergkristall, für die Iris aber weißen Kalkstein verwendete und die Augen mit Bronze umrandete.

Seltsamerweise hat sich trotz der gigantischen Ausmaße und der Bedeutung der Großen Pyramide von ihrem Erbauer Cheops selbst nur eine Darstellung erhalten. Es handelt sich um eine winzige, von Flinders Petrie im Fundament des Osiristempels in Abydos aufgefundene Elfenbeinstatuette (Abb. 9). Der König trägt die Rote Krone Unterägyptens und hält in der Rechten einen Dreschflegel. Auf der Vorderseite des Throns, auf dem er sitzt, steht sein Name geschrieben, umschlossen vom Serech (dem schematisierten Bild der Palastfassade, gekrönt mit dem Bild eines Falken). Unbeschadet seines Miniaturformats und der Art seines Materials zeigt das Porträt eine markante Gesichtsbildung. Von anderen Bauherren in Gizeh gibt es einige meisterhafte Porträts, vorzüglich die Dioritstatue des sitzenden Chephren und eine Reihe von Dreiergruppen aus Schiefer sowie Statuen, die Mykerinos abbilden.

Bevor man mit den Bauarbeiten beginnen konnte, mußte man das Baugelände vorbereiten. Die Baustelle mußte eingeebnet und die projektierten Seiten der Pyramide sorgfältig nach den vier Himmelsrichtungen des Kompasses ausgelegt werden. Unebenheiten des Bodens wurden möglicherweise dadurch ausgegli-

Abb. 8. Sitzbild des Wesirs Hemon, Vetter des Cheops und Bauleiter der Großen Pyramide. Höhe: 1,56 m. (Hildesheim, Roemer-Pelizaeus-Museum.)

chen, daß man ein geeignetes Gelände mit vier niedrigen Lehmmauern absteckte und die so gewonnene Einfriedung mit Wasser füllte, dessen Spiegel natürlich eine ebene Fläche bildete. Danach wurde im Grundgestein eine Reihe von Gräben gezogen, deren Boden jeweils den gleichen Abstand zum Wasserspiegel hatte. Waren genügend Rinnen vorhanden, um das gesamte in Betracht gezogene Gelände planieren zu können, wurde das Wasser wieder abgelassen und der Fels zwischen den einzelnen Gräben so weit abgearbeitet, bis ein ebenes Fundament erreicht war. Nur im Falle der Cheopspyramide wich man von dieser Vorgehensweise etwas ab, ließ man doch im Zentrum des geplanten Bauplatzes eine natürlich gewachsene Felskuppe stehen. Wie groß diese war, läßt sich nicht feststellen, auch wenn an den Wandun-

Abb. 9. Kleine Elfenbeinstatuette des sitzenden Cheops, der die Rote Krone Unterägyptens trägt und in der Rechten einen Dreschflegel hält. Auf der Vorderseite des Throns unter seinem rechten Bein steht sein Name, eingeschlossen vom Serech. Fundort: Abydos. (Kairo, Museum.)

gen der Gänge im Innern des Pyramidenmassivs Teile davon zu erkennen sind.

Da der Kompaß in Ägypten unbekannt war, mußte die Orientierung der Pyramidenseiten einer genauen Beobachtung der Sterne abgerungen werden. Wie präzise die alten Ägypter ihre Berechnungen anstellten, läßt sich der Tatsache entnehmen, daß die Fehlermarge bei der Ausrichtung der vier Seitenkanten nur wenige Bruchteile eines Grades beträgt. Der Längenunterschied zwischen der längsten und der kürzesten Seite der quadratischen Grundfläche beläuft sich auf weniger als 20 cm – eine fast unglaubliche Leistung, wenn man die beim Bau der Großen Pyramide obwaltenden Umstände bedenkt: Einmal mußten sämtliche Messungen an den Seiten vorgenommen werden, da sich diagonale Kontrollmessungen aufgrund der vorspringenden Felsnase von selbst verboten. Zum anderen ließen sich derartige Messungen damals nur mit Hilfe von Seilen oder Schnüren aus Palm- oder Flachsfasern, also aus dehnbarem Material, durchführen.

Erst nach Abschluß der Vorbereitungsarbeiten konnte ernsthaft mit dem Bau begonnen werden. Die damit verbundenen Probleme stellen die Ägyptologen heute noch vor Rätsel. Trotz zahlloser Ansätze ist das Baugeheimnis der auf dem Plateau von Gizeh hoch über Kairo prangenden Pyramide in ihrer ganzen Solidität noch immer nicht gelüftet worden. Man muß sich in Erinnerung rufen, daß die alten Ägypter bis zur römischen Kaiserzeit, also zweieinhalb Jahrtausende nach dem Bau der Großen Pyramide, keine Kenntnis der Rolle und des Flaschenzugs besaßen. Bohlen und Hebel waren die einzigen »mechanischen« Hilfsmittel, die ihnen zur Verfügung standen. Sämtliche Bauwerke, Standbilder und Obelisken Altägyptens wurden ausschließlich mit Hilfe dieser äußerst primitiven Werkzeuge errichtet bzw. transportiert.
Zur Frage der Bauweise gibt es zwei Haupttheorien. Die eine geht von Rampen aus, die um das Bauwerk herumführten, während es an Höhe gewann, die andere von einer langen Baurampe, die in die Wüste hinausragte und mit wachsender Höhe der Pyramide entsprechend angehoben und verlängert wurde. Keiner der beiden Lösungsvorschläge vermag den Bau der Anlage völlig zufriedenstellend zu erklären. Eine dritte denkbare Alternative wäre der Einsatz von Gerüsten. Möglicherweise wurden die Steinblöcke ähnlich wie die Decksteine der Trilithen von Stonehenge in Hängegerüsten nach oben befördert. Allerdings wäre ein solches Verfahren aus zwei Gründen nicht möglich gewesen: Einmal stand Holz im alten Ägypten hoch im Kurs, und die erforderliche Menge hätte jedes Maß überschritten, abgesehen davon, daß es Holz mit einem für diese Zwecke geeigneten Durchmesser gar nicht gab. Außerdem hätten das riesige Format und vor allem das ungeheure Gewicht der Blöcke (5 t schwere Steine zählen zu den Leichtgewichten) ein solches Vorgehen vereitelt.
Die Vorstellung einer spiralförmigen Rampe hat einiges für sich. Nach dieser Auffassung führten während der Bauarbeiten Rampen aus Lehmziegeln auf allen vier Seiten um die Pyramide

herum, und die gewaltigen Steinblöcke wurden auf Bohlen transportiert. Wenn ein Block die erste Bohle passiert hatte, wurde diese entfernt und weiter oben neu verlegt. Auf diese Weise konnte eine Kolonne von Arbeitern den Block an Seilen hinaufziehen. Es handelt sich um eine theoretisch durchaus plausible Hypothese (ein brauchbares Modell befindet sich im Naturkundemuseum in Boston), die jedoch hinsichtlich ihrer praktischen Durchführbarkeit sehr zu wünschen übrig läßt. Eine sich um die gesamte Pyramide herumwindende Piste, die wegen des Gewichts der Steinblöcke von geringem Gefälle sein mußte, hätte die Ingenieure vor zwei große Probleme gestellt: zum einen, wie die Arbeiter den auf Bohlen balancierenden Block um die Pyramidenecken ziehen konnten, ohne dabei die Kontrolle über ihn zu verlieren; zum anderen, wie sich die Blöcke rund um den Bau auf immer größere Arbeitshöhen hinaufschaffen ließen, bis schließlich das oberste Niveau der Pyramide erreicht war. Dies hätte einen ungeheuren Aufwand an Arbeitskräften und eine strenge Aufsicht über zahlreiche Arbeitstrupps erfordert, die die Steine auf verschiedenen Höhen die Bahn hinauf bewegten. Allein der sich hinauf- und hinabwälzende Menschenstrom wäre ungeheuerlich gewesen.

Auch die von Jean-Philippe Lauer, dem Doyen der französischen Ägyptologen, vertretene Theorie einer Außenrampe hat bei allen interessanten Details ihre Schwierigkeiten. Lauer schlägt eine einzige Rampe vor, die nach Maßgabe der jeweils erreichten Bauhöhe verlängert und angehoben wurde. Dies klingt nur so lange einleuchtend, wie man keine mathematische Berechnungen anstellt. Das steilste Gefälle, auf dem sich mit Hilfe von Bohlen ein 5 t schwerer Steinblock manövrieren läßt, beträgt zehn Prozent. Um die oberen Lagen der Pyramide fertigzustellen, hätte es einer Rampe bedurft, die sich 1,5 km weit in die Wüste hinein erstreckte und zu einer Höhe aufstieg, die die Kuppel von St. Paul's Cathedral übertrifft. Man bedenke, daß die Große Pyramide, wiewohl ohne moderne technische Hilfsmittel errichtet, bis ins 19. Jahrhundert hinein das höchste Bauwerk der Menschheitsgeschichte war – ein Rekord, den sie mehr als viertausend Jahre lang halten konnte!

Es gibt jedoch noch eine dritte Theorie zur Bauweise der Großen Pyramide, die von dem englischen Baumeister Peter Hodges vertreten wurde. Dieser interessierte sich für die praktischen Probleme, denen man sich gegenübersieht, wenn man versucht, gewaltige Gewichte allein mit Hilfe von Bohlen und Hebeln zu verschieben und hochzuhieven. Bei Experimenten in seinem Hinterhof konnte er nachweisen, daß zwei Männer unter Verwendung langer Hebel, an deren Ende ein mit einem Metallschuh geschützter kurzer, gewinkelter Fuß angebracht war, unschwer ein Testgewicht von 2 t bewegen konnten. Indem die Arbeiter je zwei, bei größeren Blöcken entsprechend mehr, Hebel unter den Quader zwängten, konnten sie ein Ende anheben und Füllmaterial unterlegen. Derselbe Vorgang wiederholte sich am anderen Ende, und mit Hilfe des Füllmaterials ließ sich der Quader weiter nach oben manövrieren. Auf diese Weise konnte auch ein großer Steinblock relativ leicht auf eine angemessene Höhe gehoben werden. Die Konstruktion der Pyramide erfolgte in »Stufen«; jede dieser Stufen war ziemlich breit und im Durchschnitt nicht mehr als einen Meter hoch. Hodges' Prinzip zufolge konnten Gruppen von Arbeitern auf allen vier Seiten gleichzeitig zu Werke gehen; auf jeder Seite konnten, der vollen Länge nach, mehrere Mannschaften arbeiten, deren Zahl abnahm, je kürzer die Seiten bei wachsender Höhe der Pyramide wurden. Wenn die Blöcke auf dem entsprechenden Niveau angelangt waren, wurden sie auf Bohlen ganz normal über die Fläche der jeweiligen Stufe bis zu ihrem Bestimmungsort verschoben. Die Methode hat einiges für sich, da sich mehrere logistische Grundprobleme des Pyramidenbaus mit ihrer Hilfe offenbar lösen lassen. Im Zusammenhang mit Hodges' Vorschlag sei auf Herodot verwiesen, der in seinen *Historien* (II,125) bemerkt:

> Nachdem sie das Unterste gelegt hatten, hoben sie die weiteren Steine mit Hebewerken, die aus kurzen Balken gebaut waren, und so hoben sie die vom Boden auf den ersten Absatz der Stufenfolge. Und wenn

ein Stein dann auf ihm war, wurde er auf ein weiteres Hebewerk gelegt, das auf der ersten Stufe stand, und von dieser Stufe wurde der Stein, mit dem weiteren Hebewerk, auf die zweite Stufe gehoben. Denn soviel Stufen es waren, soviel Hebewerke waren es auch [. . .].

(Übers. von W. Marg)

Abb. 10. Südwestansicht der Cheopspyramide von Gizeh. Vor der Südseite befindet sich das bootsförmige Museum, in dem das Cheopsschiff aufbewahrt wird.

Nach Abschluß der Grundkonstruktion mußte die Pyramide mit Blöcken aus weißem Tura-Kalkstein verkleidet werden, die im Dschebel Mokattam östlich von Kairo gebrochen wurden. Die Steinhülle wurde von oben nach unten angelegt, indem die Kalksteinblöcke als Fütterung auf die »Stufen« gesetzt, behauen und geschliffen wurden, bis der erforderliche Böschungswinkel erreicht und eine glänzende Oberfläche geschaffen war. Sämtliche Pyramiden, ausgenommen die Stufenpyramide, waren mit einer solchen Außenschicht versehen. Im Falle der Stumpfen

Pyramide von Dahschur ist die äußere Bekleidung weitgehend erhalten geblieben, da die Steinlagen einwärts, zum Pyramidenkern hin, geneigt waren und durch das Gewicht der oberen Blöcke stabilisiert wurden, so daß es schwierig war, sie zu einem späteren Zeitpunkt abzutragen und für andere Zwecke zu verwenden. Während sich die Kalksteinverschalung der Chephrenpyramide von Gizeh oben an der Spitze noch erhalten hat, ist der übrige Mantel verlorengegangen. Das gleiche gilt für die Pyramiden des Cheops und des Mykerinos, die beim Bau des mittelalterlichen Kairo als Steinbruch herhalten mußten.
Bevor wir nunmehr zur Beschreibung der inneren Anlage der Cheopspyramide übergehen, seien an dieser Stelle die wichtigsten Abmessungen des Bauwerks genannt (Abb. 10). Der Neigungswinkel der Seiten betrug 51° 54′ – die für sämtliche Nachfolgebauten verbindliche Norm. Ihre Höhe belief sich auf 145,75 m. Allerdings fehlen der Pyramide 10 m ihrer Spitze. Auch wenn einem in der Ferne stehenden Betrachter weder der Verlust des Mantels noch der der Spitze wirklich auffällt, so ist sie doch in Wahrheit abgestumpft. Ihre Grundkanten haben eine Länge von 229 m, wobei der Unterschied zwischen der längsten und der kürzesten Seite, wie bereits erwähnt, weniger als 20 cm ausmacht. Berechnungen zufolge ließen sich auf der 5,37 ha großen Grundfläche die Peterskirche zu Rom, die Dome von Florenz und Mailand sowie Westminster Abbey und St. Paul's Cathedral in London unterbringen. Da wir nicht wissen, wie umfangreich der natürlich gewachsene Felsen im Zentrum der Pyramide ist, läßt sich die Zahl der verbauten Steinblöcke nicht leicht berechnen. Es ist jedoch die Rede von 2,3 Mio. Einzelblöcken mit einem Gewicht zwischen 2 und 15 t.
Zu den religiösen Vorschriften des Alten Reiches gehörte das Anbringen des Pyramideneingangs an der Nordseite, so daß er am nördlichen Himmelspol orientiert war. Sämtliche Pyramiden richten sich hiernach, auch die zweite Pyramide von Gizeh (die des Chephren), die an der Nordseite gleich zwei Eingänge aufweist. Einer von diesen befindet sich etwa 10 m über der Grund-

linie neben der Mittelachse, der untere fast unmittelbar darunter auf der Pflasterung vor der Pyramide. Die einzige Ausnahme bildet die Stumpfe Pyramide von Dahschur, die neben dem vorschriftsmäßigen Eingang an der Nordseite einen zweiten, erhöhten Eingang an der Westseite aufweist. Der ursprüngliche Eingang zur Cheopspyramide wiederum liegt wie üblich an der Nordseite, etwa 17 m über der Bodenfläche und 7,5 m ostwärts der Mittelachse. Über ihm sind pyramidenförmig je zwei große Steinblöcke eingelassen, die den Druck der auf ihm lastenden Steinmassen auffangen sollen (Abb. 11). Der heutige, als »Ma'muns Loch« bekannte Zugang zur Pyramide, gleich rechts darunter, wurde islamischer Überlieferung zufolge im 9. Jahr-

Abb. 11. Oben der alte Eingang zur Cheopspyramide auf der Nordseite. Darunter, etwas weiter rechts, der von Kalif Ma'mun aufgebrochene Eingang, der heute den Touristen offensteht.

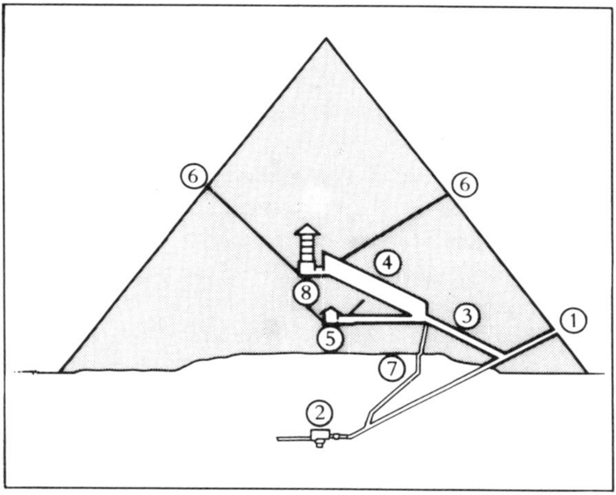

Abb. 12. Schnitt durch die Cheopspyramide, von Westen aus gesehen. (1) Eingang an der Nordseite und absteigender Gang, (2) unvollendete Kammer, die ursprünglich als Grabkammer vorgesehen war, (3) Aufwärtsführender Gang, (4) Große Galerie, (5) »Kammer der Königin«, (6) Belüftungsschächte, die von der Königskammer zur Oberfläche der Pyramide führen, (7) Fluchtweg der Arbeiter nach Abschluß der Bestattung, (8) Königskammer (Grabkammer).

hundert vom Kalifen Ma'mun, dem Sohn des berühmten, uns aus den Erzählungen von *Tausendundeiner Nacht* wohlvertrauten Harun ar-Raschid, aufgebrochen, als der Kalif, freilich vergebens, nach einem Weg suchte, um den im Innern lagernden Schatz bergen zu können. Arabische Berichte sprechen davon, daß er einen großen goldenen Hahn und einen Smaragd, so groß wie das Ei des Vogels Rock, fand, doch was wir von den tatsächlichen Beigaben in den Königsgräbern des Alten Reiches wissen, straft derlei Berichte Lügen. Als die altägyptischen Grabräuber, womöglich während des Zusammenbruchs der Zentralregierung in der 1. Zwischenzeit (7. bis 10. Dynastie), ins Innere der Pyramide eindrangen und sie ausplünderten, gingen sie viel zu gründlich vor, als daß sie irgendwelche Schätze zurückgelassen hätten.

Eine Untersuchung des Pyramidenschnitts ergibt sogleich, daß es während der Bauzeit mindestens zweimal zu Bauplanänderungen kam (Abb. 12), beherbergt die Cheopspyramide doch in ihrem Innern mehr Gänge und Kammern als jede andere Pyramide des Alten Reiches. Im ursprünglichen Entwurf scheint ein abschüssiger Stollen vorgesehen gewesen zu sein, welcher vom Eingang zu einer Grabkammer führte, die ungefähr unter dem Pyramidenscheitel ins Grundgestein getrieben wurde – eine später wieder von Chephren aufgegriffene Idee, wie sie uns schon in Meidum und Dahschur (dort bei beiden Bauten) begegnet ist. Diese Kammer blieb jedoch unvollendet. Statt dessen wurde ein aufsteigender Gang (der sog. Aufwärtsführende Gang) angelegt, der über eine horizontale Passage zu einer höher und noch zentraler gelegenen Kammer im Pyramidenmassiv führte. Auch dieses Gemach – heute gemeinhin, wenn auch unrichtigerweise, »Kammer der Königin« genannt – wurde nicht fertiggestellt. Die zweite Abänderung des Originalplans lief auf eine um vieles grandiosere Anlage hinaus. Zunächst wurde eine neue Galerie angelegt, die – als Fortsetzung des Aufwärtsführenden Gangs von der Stelle, wo dieser in die Horizontale übergeht – in das Herzstück der Pyramide hinaufführt. Ihren Namen »Große Galerie« verdient sie in jeder Hinsicht. Sie ist 47 m lang und 8,50 m hoch. Ihre Wände aus poliertem Kalkstein steigen bis zu einer Höhe von 2 m senkrecht auf. Die nächsten sieben Steinlagen ragen beidseitig allmählich vor, bis sie ein Gewölbe bilden, das wahrhaft erstaunlich und in der Architektur des Alten Reiches ohne Beispiel ist (Abb. 13). Die Decke wird von etwas über einen Meter breiten Steinplatten gebildet. Die Große Galerie gestattete jedoch nicht nur den Zutritt zur Grabkammer, sondern diente, wie wir gleich sehen werden, auch noch einem anderen Zweck.

Am Ende der Großen Galerie befindet sich ein kurzer, niedriger Gang, in dessen Decke drei Rillen geschnitten sind. Von diesen

Abb. 13. Blick entlang der Großen Galerie in der Cheopspyramide. Der Lichtstreif am oberen Ende bezeichnet den Eingang zu der Passage, die zur Königskammer führt. Man beachte die für Holzbalken gedachten Rillen an den Vorsprüngen der Seitenwände sowie die allmählich vorragenden Steinblöcke, die auf diese Weise schließlich ein Kragsteingewölbe bilden.

aus konnten granitene »Fallgitter« herabgelassen werden, die den Eingang zum Gang und zur dahinterliegenden Grabkammer versperrten. Der niedrige Gang führt zur Nordostecke der Grabkammer, »Königskammer« genannt. Diese ist mit riesigen, geglätteten Granitblöcken ausgewandet und mißt 10,58 m × 5,29 m, bezieht ihre Maße also aus der goldenen Mitte von 2 : 1. Sie ist 5,87 m hoch, und ihre flache Decke besteht aus neun gewaltigen Steinblöcken, die insgesamt etwa 400 t wiegen. Über dem Dach der Königskammer befinden sich fünf »Entlastungskammern«, die alle flache Decken aufweisen, außer der höchsten, deren Dach spitz zuläuft. Die hierbei verwendeten Blöcke befinden sich noch in demselben Rohzustand, in dem sie aus dem Steinbruch kamen. Einige tragen sogar noch die mit rotem Ocker gemalte Markierung des Steinbruchs einschließlich der Nennung des Bauherrn – das einzige Mal, daß der Name Cheops in der Pyramide vorkommt.

Vor der Westwand der Grabkammer steht zu ebener Erde ein großer Sarkophag aus schwarzem Granit, bei dem der Deckel und ein Gutteil der oberen Südostecke fehlen (Abb. 14). Er wurde aus einem massiven Block gehauen und ausgehöhlt; die Scharten der Steinsägen sind noch zu erkennen. Trotz der abgebrochenen Ecke gibt er einen glockenähnlichen Ton von sich, wenn man ihn anschlägt, und sei es nur mit dem Handballen. Als Petrie die Pyramide in den Jahren 1880–82 ausmaß, stellte sich heraus, daß der Sarkophag etwa 2,5 cm breiter war als der Einlaß zum Aufwärtsführenden Gang. Insofern kann jener nicht durch den Gang in die Kammer geschafft worden sein, sondern muß vor der Bedachung der Königskammer aufgestellt worden sein, während die Bauarbeiten noch in vollem Gange waren – das erste »Einbaumöbel« der Welt.

Weitere Merkmale der Grabkammer sind zwei schmale »Belüftungsschächte« in der Nord- und Südwand, die etwa einen Meter über dem Erdboden beginnen und durch den gesamten Kernbau hindurch bis zur Außenhaut führen. Ihre genaue Funktion ist nicht bekannt. Allerdings ist die Vermutung angestellt worden,

Abb. 14. Der schwarze Granitsarkophag am Westende der Königskammer.

daß sie – ein wichtiger Aspekt der Religion des Alten Reiches – ursprünglich auf die Sterne um den Himmelspol ausgerichtet waren. Da dies nicht mehr zutrifft, müßte sich die Position der Erdachse seit dem Bau der Pyramide verschoben haben. Dies läßt sich jedoch astronomisch nicht nachweisen, so daß ihre wirkliche Funktion unklar bleibt.

Es wurde bereits angesprochen, daß die Große Galerie noch eine zweite Aufgabe erfüllte. Hier nämlich waren die riesigen Sperrblöcke aufbewahrt, mit denen der Aufwärtsführende Gang nach der Bestattung verriegelt wurde. Sie waren zu groß, als daß sie woanders hätten untergebracht werden können. Allem Anschein nach ruhten sie hoch über dem Boden der Galerie auf hölzernen Querbalken, so daß der Leichenzug sich beim Begräbnis unter ihnen hindurchbewegen konnte. Nach der Beisetzung zogen sich die Priester zurück. Sie ließen eine Arbeitsmannschaft zurück, die die Balken wegschlugen und die granitenen Verschlußsteine hinabgleiten ließen, um den Aufwärtsführenden Gang zu versperren. Da sie sich nunmehr hinter den Verschlußblöcken im Innern der Pyramide aufhielten, war ihnen natürlich der Rückweg abgeschnitten. Freilich stand ihnen ein Fluchtweg offen – im Alten Reich herrschte keineswegs der Brauch, die Arbeiter bei lebendigem Leibe zu begraben. Durch einen engen Schacht, der von einem Stein im oberen Gang am Ende der Großen Galerie durch das Pyramidenmassiv zum unteren Gang führte, konnten sie den Rückzug antreten, wobei sie erst den Verbindungsweg und schließlich die zum Haupteingang an der Außenseite führende Passage hinter sich blockierten. Trotz aller Vorkehrungen wurde die Pyramide jedoch bereits im Altertum geplündert, vermutlich um das 21. Jahrhundert v. Chr. Wie wir den Berichten der Klassiker entnehmen können, war die Pyramide in der Spätantike geöffnet. Danach war der Eingang verschüttet, so daß sich Ma'mun im 9. Jahrhundert gewaltsam Zutritt verschaffen mußte.

Mitte des 5. Jahrhunderts v. Chr., als die Cheopspyramide bereits zweitausend Jahre alt war, bereiste Herodot von Halikarnassos, der »Vater der Geschichtsschreibung«, die ägyptischen Lande. In seinen *Historien* gab er zahlreiche Beschreibungen antiker Monumente, einige davon aus eigener Anschauung, andere nach Berichten aus zweiter Hand. Auch Ägypten behandelte er einigermaßen ausführlich. Über die Cheopspyramide hielt er folgendes fest (II,125):

> Und in ägyptischer Schrift ist auf der Pyramide angegeben die Gesamtsumme, die ausgegeben worden ist allein für Rettich und Zwiebeln und Knoblauch zur Betreuung der Arbeiter, und wie ich mich ganz gut erinnere, nach dem, was der Dolmetscher sagte, als er mir die Inschrift vorlas, sind eintausend und sechshundert Talente Silber dafür ausgegeben worden [nach heutigen Preisen etwas mehr als 14 Mio. DM]. Wenn sich das wirklich so verhält, was muß da sonst noch alles draufgegangen sein für all das Eisen, mit dem sie die Steine bearbeiteten, und für die eigentliche Beköstigung und die

Kleidung der Arbeiter. Wenn es so lange dauerte, wie ich eben sagte, daß sie am Bau selber arbeiteten, dann dauerte es noch eine weitere Zeit, möchte ich meinen, daß sie die Steine brachen und sie hinbrachten und am Aushub unter der Erde arbeiteten, und das keine geringe. [Vor der 18. Dynastie gab es in Ägypten kaum, falls überhaupt, irgendwelches Eisen. Im Grab Tut-ench-Amuns wurden lediglich ein Dolch mit Eisenblatt und ein paar unbedeutende Amulette gefunden.]

(Übers. von W. Marg)

Nach Herodots Angaben dauerte der Bau des Aufwegs zehn Jahre, der der Pyramide selbst zwanzig. 100000 Arbeitskräfte wurden dazu herangezogen. Soviel wir wissen, betrug Cheops' Regierungszeit in der Tat etwa 23 Jahre. In gewisser Hinsicht freilich zeigte sich Herodot allzu leichtgläubig, zeichnete er doch getreulich alles auf, was seine Gewährsleute ihm anvertrauten. Andererseits spinnen viele der Dragomane, die sich heute auf dem Plateau von Gizeh herumtreiben, vor den ungläubigen Touristen ähnliche Geschichten aus.

In seiner *Geschichts-Bibliothek* (I,63) bemerkt Diodorus Siculus (zweite Hälfte des 1. Jh.s v. Chr.):

Der achte König war Chemmis [Cheops/Khufu] aus Memphis. Dieser regierte fünfzig Jahre und erbaute die größte der drei Pyramiden, welche zu den sieben Wunderwerken der Welt gerechnet werden. Dieselben liegen nach der Libyschen Seite hin und sind von Memphis hundertundzwanzig Stadien entfernt, vom Nil aber fünfundvierzig. Dem Beschauer aber erregen sie durch die Großartigkeit des Baues und durch die Kunst der Ausführung Staunen und Bewunderung. [...] Denn nicht weniger als tausend Jahre, wie man sagt, sind bis auf unsere Tage seitdem verflossen, wie aber einige schreiben, sogar mehr als dreitausend und vierhundert, und doch verharren die Steine noch jetzt in ihrer anfänglichen Zusammenfügung und haben den ganzen Bau unversehrt erhalten.

(Übers. von A. Wahrmund)

Ihm zufolge arbeiteten 360000 Mann an dem Projekt, das zwanzig Jahre beanspruchte.

In seiner *Geographie* (XVII,1,33) macht Strabon (um 64 v. Chr. bis 21 n. Chr.) weitere Angaben:

> Geht man aber vierzig Stadien [7,399 km] von der Stadt weg, so ist da eine Berghöhe, auf welcher viele Pyramiden stehen, Begräbnisse der Könige; drei aber sind besonders merkwürdig, und zwei von ihnen werden sogar zu den sieben Wunderwerken gerechnet. Sie haben nämlich bei viereckiger Gestalt die Höhe eines Stadium [185 m] und diese Höhe ist [nur] wenig größer, als [die Länge] jeder Seite. Auch ist die eine [Pyramide] nur wenig größer als die andere. Diese hat in mäßiger Höhe auf einer der Seiten einen Stein, der herausgenommen werden kann. Wird er herausgehoben, so führt ein gekrümmter Gang bis zur Gruft.
>
> (Übers. von A. Forbiger)

Von besonderem Interesse ist Strabons Hinweis auf einen herauszuhebenden Klappstein. Vermutlich war der ursprüngliche Eingang, womöglich eine Tür dieser Art, verkleidet und dem Mantel aus Tura-Kalkstein angepaßt. Als die klassischen Autoren die Pyramide besichtigten, waren deren Deckplatten im wesentlichen noch unversehrt; erst Jahrhunderte später wurden die Steine herausgebrochen und beim Bau des mittelalterlichen Kairo verwendet.

Die Cheopspyramide und ihre beiden späteren Begleiter beherrschten den Horizont am Rande der Libyschen Wüste. Als sie errichtet wurden, erhielten sie offizielle Namen: »Horizont des Cheops«, »Groß ist Chephren« und »Göttlich ist Mykerinos«. Seit dem klassischen Altertum herrschte die Auffassung, daß die zweite Pyramide, die des Chephren, ein solider Bau ohne innere Anlagen sei. Diese Auffassung wurde widerlegt, als der italienische Ägyptologe Giovanni Battista Belzoni am 2. März 1818 auf der Nordseite den oberen Eingang entdeckte und bis zur Grabkammer vordrang, die von Räubern der Frühantike natürlich bereits ausgeraubt worden war. Die dritte Pyramide, die des Mykerinos, wurde in den dreißiger Jahren des 19. Jahrhunderts von Colonel Howard Vyse und John Perring erforscht, die einen mit einer »Palastfassade« verzierten Sarkophag vorfanden – der einzige ornamentierte Sarkophag, der sich in den drei

Pyramiden von Gizeh fand. Leider ging der Fund verloren, als das Schiff, das den Sarkophag nach England befördern sollte, bei der Ausfahrt aus dem Hafen von Livorno sank. Ein zur gleichen Zeit geborgener anthropoider Sarg aus Holz – kein Originalsarg, sondern, wie möglicherweise auch der Sarkophag, eine getreue Nachbildung durch die späteren Saiten – wurde separat verschifft und ist heute im Britischen Museum ausgestellt.

Aufgrund ihrer schieren Größe, ihrer Körperlichkeit und ihrer, fast könnte man sagen, Unnahbarkeit haben die Pyramiden von Gizeh nicht aufgehört, Interesse und Neugier der Menschen zu wecken, ob sie nun »Berge Pharaos« oder »Kornspeicher Josephs« genannt wurden. Im Mittelalter gab es eine Zeit, in der ernsthaft an eine Verbindung mit Joseph geglaubt wurde. Heute wissen wir, daß die innere Anlage der Pyramiden mit Sicherheit nicht dazu angetan war, ausreichende Mengen Korn aufzunehmen, um den Hunger der sieben dürren Jahre zu lindern.

1798 traten die Pyramiden mit der Invasion Ägyptens durch französische Truppen erneut auf die Bühne der Geschichte. Am 21. Juli des Jahres fügte die französische Armee den Mameluken vor Kairo eine vernichtende Niederlage zu. Obwohl stets als »Schlacht bei den Pyramiden« geführt, lag das eigentliche Schlachtfeld etwa 15 km entfernt bei Embaba. Das berühmte Gemälde von Lejeune in Versailles verweist denn auch die Pyramiden ganz richtig an den fernen Horizont. Die französischen Gedenkmedaillen zeigen Napoleon, wie er, stehend oder zu Pferde, im Schatten der Pyramiden vor der Attacke eine Ansprache an seine Soldaten hält (Abb. 15). Die auf den Medaillen festgehaltene Mahnung lautet: »Soldats! Du haut de ces pyramides 40 siècles nous contemplent« (»Soldaten! Von der Höhe dieser Pyramiden blicken vierzig Jahrhunderte auf uns herab«). Napoleons genialer Geschichtssinn ließ ihn intuitiv richtig schätzen – zu einer Zeit, da das wirkliche Alter der Pyramiden keineswegs bekannt war. »Vierzig Jahrhunderte«, viertausend Jahre, ergibt ein Entstehungsdatum um 2200 v. Chr., und die Große Pyramide wurde um 2560 v. Chr. errichtet. Der Überlieferung zufolge ließ sich Napoleon nach gewonnener Schlacht am Fuße der Großen Pyramide nieder, um sich in ihrem Schatten auszuruhen, während die unternehmungslustigeren unter seinen jungen Offizieren auf die Spitze kletterten. Bei ihrer Rückkehr begrüßte er sie mit der Mitteilung, er habe ausgerechnet, daß sich mit den in allen drei Pyramiden enthaltenen Gesteinsmassen eine 3 m hohe und 30 cm dicke Mauer um ganz Frankreich ziehen ließe. Diese Kalkulation wurde später von dem Mathematiker Monge bestätigt, der dem Wissenschaftlerteam unter Leitung von Baron Vivant Denon angehörte.

Abb. 15. Napoleon bei der Ansprache an seine Soldaten vor dem Angriff gegen die Mamelucken. Französische Bronzemedaille zum Gedächtnis an die Schlacht bei den Pyramiden am 21. Juli 1798 (das hier angegebene Datum, 25. Juli, ist unzutreffend). (Sammlung des Verfassers.)

Vielen am Rande der Ägyptologie operierenden Theoretikern stellt sich die Große Pyramide, wiewohl Grabmal des Pharao, unter ganz anderen Aspekten dar. Ihrer Auffassung zufolge bietet sie einen Schlüssel zu Vergangenheit und Zukunft der Weltgeschichte – ein Geheimnis, das, der Allgemeinheit verborgen, in dem mystischen »Pyramidenzoll«, einem bestimmten Teil der altägyptischen Elle, beschlossen liege. Schöpfer dieser ausgefallenen Theorien war der ehemalige Astronomer Royal of Scotland Charles Piazzi Smyth, der an der Pyramide Messungen vornahm und seine Befunde 1864 in seiner Studie *Our Inheritance in the Great Pyramid* veröffentlichte. Im wesentlichen behauptet er, daß gewisse Abmessungen der Pyramide, wenn sie durch den »Pyramidenzoll« oder die »königliche Elle« geteilt würden, nicht nur dem Bau der Pyramide vorausgehende historische Daten preisgäben, sondern auch Ereignisse kommender Jahrtausende vorhersagten. Zur Illustration mögen zwei Beispiele genügen. Wenn man die Linie der äußeren Hülle und die Linie des Aufwärtsführenden Gangs theoretisch nach unten, in den Erdboden hinein, verlängert, treffen sie sich in einem Schnittpunkt. Die so gewonnene Entfernung, dividiert durch den »Pyramidenzoll«, ergibt das Jahr 4004 v. Chr., das Erzbischof James Ussher von Armagh 1650 auf lateinisch, 1658 auf englisch als das Jahr der Erschaffung der Welt verfocht (ihm zufolge wurde die Welt nämlich am 22. Oktober 4004 spätabends erschaffen). Jahrelang wurde dieses Datum in der englischen Bibelausgabe von 1611 als Glosse geführt. Das zweite Beispiel bezieht sich auf die Kraft der Pyramide zur Weissagung. Wenn man die Länge der Passagen vom Einlaß durch die Große Galerie bis zu einem gewissen Punkt im Eingang zur Kammer des Königs mißt, an dem auf der Granitmauer ein Flecken zu sehen ist, und das Ergebnis wiederum durch den »Pyramidenzoll« teilt, so erhält man das Jahr 1914 – den Beginn des Ersten Weltkriegs, der für viele Menschen das biblische Armageddon, die letzte Menschheitsschlacht, verkörperte. Smyths Werk fand und findet noch immer zahlreiche Anhänger; zu den jüngsten Veröffentlichungen in seiner Nachfolge zählt Peter Tompkins' Abhandlung *Secrets of the Great Pyramid* (1971). Von Ägyptologen werden die Anhänger der »Pyramidenzoll«-Theorie gewöhnlich als »Pyramiden-Spinner« abgetan.

Indes führten Piazzi Smyths Theorien sonderbarerweise zur ersten richtigen Vermessung der Cheopspyramide im Detail.

Flinders Petries Vater William zeigte großes Interesse an Smyths Spekulationen, und um die Richtigkeit der Smythschen Theorien zu beweisen, beschloß er, gemeinsam mit seinem Sohn nach Ägypten zu reisen und die Große Pyramide mit der größtmöglichen Präzision zu vermessen. Am Ende konnte William Petrie die Reise nicht antreten und mußte die Aufgabe dem jungen William Matthew Flinders überlassen. Ein Großteil der von diesem verwendeten Meßinstrumente war selbstgebastelt – Vater und Sohn interessierten sich sehr für Mathematik und hatten bereits mehrere prähistorische Denkmäler in Großbritannien vermessen und kartographisch erfaßt. Petrie traf im Dezember 1880 in Ägypten ein und begann mit der Arbeit. Der Anblick der seltsamen, hochgewachsenen Gestalt, die, mit Vermessungsgeräten behangen, auf der Pyramide herumturnte, erregte großes Aufsehen, zumal Petrie dazu überging, bei der Arbeit nur mehr lange rosafarbene Unterhosen zu tragen, da er die in den inneren Gängen herrschende Hitze nicht vertrug.

Als Petrie 1883 seine Untersuchung *The Pyramids and Temples of Giza* publizierte, bewies er nicht etwa, daß Piazzi Smyth recht hatte, sondern widerlegte schlagend dessen Argumente, konnte er doch die Glaubwürdigkeit der Smythschen Berechnungen mit Hilfe akkurater Meßwerte erschüttern. Obwohl sich Petrie vergleichsweise primitiver Instrumente bediente, haben seine Meßwerte spätere Nachprüfungen bemerkenswert gut bestanden. Auch als J. H. Cole bei der amtlichen Vermessung von 1925 modernere Geräte einsetzte, konnten nur gelegentlich Abweichungen festgestellt werden.

Das Interesse an den Pyramiden von Gizeh läßt nicht nach. In den sechziger Jahren installierte ein Forscherteam der kalifornischen Universität Berkeley in der Grabkammer der Zweiten Pyramide hochempfindliche, computergeschaltete Geräte, um die im Pyramidenmassiv herrschende kosmische Strahlung zu messen und mit Hilfe eines »Röntgenbilds« herauszufinden, ob es irgendwelche bis dahin unentdeckte Kammern gebe. Das Resultat war negativ. Im September 1986 erhielt eine französi-

sche Mannschaft von der ägyptischen Antikenverwaltung die Genehmigung, die Steinblöcke in den Gängen der Cheopspyramide an bestimmten Punkten mit Hochgeschwindigkeitsbohrern zu durchbohren, um etwaige verborgene Kammern zu finden. Bisher hat sich jedoch in dieser Frage nichts ergeben.
Die Große Pyramide bewahrt noch immer ein Geheimnis, freilich nicht in ihrem Innern, sondern in ihrem Umfeld. Im Mai 1954 wurde der junge ägyptische Archäologe Kamal al-Mallach damit beauftragt, die Südseite der Pyramide von Trümmerschutt zu reinigen. Dort stieß er auf eine Steinreihe von 41 mächtigen Kalksteinblöcken, die fest miteinander verzahnt waren und eine etwa 30 m lange, ins Grundgestein gehauene Grube be-

Abb. 16. Aufnahme aus dem Jahre 1963 vom Gipfel der Cheopspyramide auf die Südseite. Im Vordergrund der Schuppen, in dem das Cheopsschiff aufbewahrt wurde. Unmittelbar dahinter und rechts davon befindet sich die offene Grube mit revetierten Rändern, in der das Schiff gefunden wurde. Die Grube ist heute in das neue Schiffsmuseum einbezogen.

deckten. Die Grube hatte einen revetierten Rand, so daß sie nach dem Verlegen der Schlußsteine luftdicht abgeschlossen war (Abb. 16). In der Grube fand sich nun ein ägyptisches Holzschiff, das zwar auseinandergenommen worden war, weil es sonst für die Grube zehn Meter zu lang gewesen wäre, im übrigen aber vollständig erhalten war. Es bestand aus 1274 Holzteilen, in denen kein einziger Metallnagel steckte. Bootsgruben finden sich bei mehreren Pyramiden – in der Nähe der großen Pyramide gibt es drei Beispiele –, aber alle waren bereits im Altertum geplündert worden oder dem Zerstörungswerk der Zeit anheimgefallen. Schiffe waren ein bedeutender Bestandteil des Bestattungsrituals, verhalfen sie doch dem verstorbenen Pharao im Jenseits zu einem Gefährt. Teils werden sie als Begräbnisschiffe, teils als Sonnenschiffe bezeichnet, da man davon ausging, daß wenigstens zwei der beigegebenen Schiffe dem Pharao zu Gebote standen, wenn er tagsüber mit dem Sonnengott die jenseitige Welt bereiste oder die zwölf Nachtstunden unter der Erde verbrachte.
Alles deutet darauf hin, daß das Schiff des Cheops (denn es handelt sich in der Tat um dessen Schiff, und Kartuschen auf den Schlußsteinen belegen, daß das Begräbnis von seinem Sohn Djedefre besorgt wurde) wenigstens einmal aufs Wasser gelassen wurde. Möglicherweise wurde es dazu eingesetzt, den einbalsamierten Leichnam des Cheops auf seiner letzten Fahrt über den Nil zum Ende jenes Aufwegs zu bringen, der zum Plateau von Gizeh hinaufführte. Nach vielen Jahren sorgfältiger Forschung (vor allem durch Ahmed Jusuf Mustafa) wurde das behutsam restaurierte und rekonstruierte Schiff im März 1982 in einem eigens dafür entworfenen schiffsförmigen Museum der Öffentlichkeit vorgestellt. Dort ist in einer prächtigen Ausstellung nicht nur das Schiff zu sehen, sondern auch die Originalgrube, aus der es geborgen wurde.
Worin besteht nun das unerschlossene Geheimnis der Großen Pyramide? Gleich hinter der Grube, in der das Schiff gefunden wurde, verdeckt eine weitere Steinreihe eine zweite Grube. Wir

haben allen Grund zu der Annahme, daß diese ein ähnliches Schiff enthält. Während das erste Fahrzeug mittschiffs eine Kabine und mehrere Ruder besaß, dürfte das zweite Schiff aller Wahrscheinlichkeit nach mit einem Segel ausgestattet sein. Hölzerne Schiffsmodelle, die in Grabanlagen des Mittleren Reiches gefunden wurden, wie auch die Schiffsdarstellungen auf Reliefs des Alten Reiches lassen nämlich zwei verschiedene Schiffstypen erkennen: das eine wurde mit der Strömung gen Norden gerudert, das andere ließ sich, mit einem Segel ausgerüstet, vom vorherrschenden Nordwind gen Süden stromaufwärts treiben.

Die Große Pyramide ist im wahrsten Sinne des Wortes eines der Sieben Weltwunder. Als das älteste unter ihnen und das einzige, das im großen und ganzen noch erhalten ist, hat es die Gemüter von jeher bewegt. Ein arabisches Sprichwort bringt die von ihm ausgehende Wirkung auf den Punkt: »Der Mensch fürchtet die Zeit, doch die Zeit fürchtet die Pyramiden.«

Die Hängenden Gärten von Babylon

Von Irving L. Finkel

Gleich zu Beginn sei eingestanden, daß die Hängenden Gärten von Babylon, obzwar weit und breit als eines der Sieben Weltwunder gerühmt, niemals schlüssig identifiziert worden sind, ja daß nicht einmal ihr Vorhandensein nachgewiesen werden konnte (Abb. 17). Unsere Kenntnis der Gärten stammt aus jüngerer Zeit; es handelt sich, mit Dr. Chasuble zu sprechen, um »bloße Anspielungen der Klassiker, die sich ihrerseits auf heidnische Autoren stützen«. Das vorliegende Kapitel verfolgt daher die Absicht, kurz den Werdegang der Stadt Babylon selbst zu streifen, den schriftlichen Äußerungen der jüngeren Autoren nachzugehen, andere königliche Gärten in die Untersuchung miteinzubeziehen und die Angaben der Klassiker mit den Ergebnissen archäologischer Forschungen in der ehrwürdigen Stadt zu vergleichen.

Babylon, die Hauptstadt von Babylonien, lag am Euphrat im heutigen Irak, etwa 600 km nordwestlich des Persischen Golfs und mehr als 900 km östlich des Mittelmeers. Unter ihrem berühmten König Hammurabi (1792–1750 v. Chr.), der den auf immer mit seinem Namen verbundenen Gesetzeskodex schuf (heute im Pariser Louvre), errang die Stadt im Alten Orient erstmals eine Vormachtstellung. In den Jahrhunderten, die auf seine Regierung folgten, nahm das Geschick der Stadt einen unterschiedlichen Verlauf, bis sie unter den Herrschern der neubabylonischen oder chaldäischen Dynastie den Höhepunkt ihrer Macht erreichte. In dieser Epoche gab es eine Reihe imposanter und denkwürdiger Herrscherpersönlichkeiten, deren Namen den Untergang der mesopotamischen Zivilisation überdauert haben. Nabupolassar (625–605 v. Chr.), der Begründer

Abb. 17. Babylon, im Hintergrund die Hängenden Gärten. Johann Fischer von Erlachs phantasievoller Kupferstich aus dem 18. Jahrhundert.

der Dynastie, führte im Jahre 612 v. Chr. zusammen mit seinen Verbündeten, den Medern und Skythen, den endgültigen Sturz der Assyrer herbei, deren Botmäßigkeit generationenlang das politische und private Leben der Babylonier bestimmt hatte. Sein Sohn Nebukadnezar II. (605–562 v. Chr.), der uns auch unter dem Namen Nebukadrezzar bekannt ist, war einer der erlauchtesten und tatkräftigsten Könige Mesopotamiens. Er verfolgte eine aktive Politik der Konsolidierung und Expansion seines Reiches und führte in Syrien, Palästina und Ägypten Feldzüge durch, die, wie die Bibel (2. Kön. 24,14–16) festhält, im Jahre 597 v. Chr. die erste Wegführung König Jojachins von Juda und zahlreicher Kriegsgefangener nach Babel und schließlich die Zerstörung des Tempels zu Jerusalem sowie die Babylonische Gefangenschaft der Masse der Juden zur Folge hatten. Der letzte König der Dynastie hieß Nabonid (555 – 539 v. Chr.).

In der Innenpolitik war Nebukadnezar ein unermüdlicher Bauherr. Ein riesiges Arbeitsheer wurde dazu eingesetzt, unzählige Lehmziegel zu brennen, die unter der Aufsicht königlicher Architekten zu Palästen, Tempeln, Toren und prunkvollen Stadtmauern verbaut wurden. Diese waren von einer Größenordnung, die unterworfene Völkerscharen und ausländische Würdenträger gleichermaßen stark beeindruckte. Besonderes Kennzeichen der babylonischen Architektur war die Verwendung blauglasierter Ziegel zur Verkleidung der eindrucksvollsten Baudenkmäler; ähnliche Glasurziegel, aber mit Löwen-, Stier- und Drachenreliefs (Abb. 18), wurden eingefügt, um Macht und Pracht der Königsstadt zu steigern. Herodots klassische Beschreibung Babylons gilt dem Wiederaufbau der Stadt durch Nebukadnezar; auch die Baudenkmäler, die sich bis auf

Abb. 18. Ein Drachenrelief aus Glasurziegeln vom Ischtartor. (Berlin, Pergamon-Museum, Vorderasiatische Abteilung.)

Abb. 19. Mit babylonischer Keilschrift beschriebener Zylinder, der den Fortgang der von Nebukadnezar in Auftrag gegebenen Bauarbeiten an den Tempeln, Mauern und Zikkuraten von Babylon und Borsippa schildert. Der König führte das Werk seines Vaters fort.

den heutigen Tag erhalten haben, sind zum überwiegenden Teil dessen Werk.

Vor allem dank der Grabungsarbeiten des deutschen Archäologen Robert Koldewey konnten zu Beginn dieses Jahrhunderts große Teile der Stadt freigelegt werden. Neben den Bauresten selbst stehen dem Historiker Babylons keilschriftliche Zeugnisse der Zeitgenossen zur Verfügung, die die jeweiligen Könige mit Blick auf die Nachwelt in Auftrag gaben, in dem glühenden Verlangen, ihre Errungenschaften dem Gedächtnis der Götter einzuschreiben: ausführliche Schilderungen ihrer Bauprogramme, Restaurationsarbeiten und Neuerungen (Abb. 19).

Derartige Gebäudeinschriften sind für die Dynastie charakteristisch. Auch heute noch stellen die Sortierung der oft zerbrochenen Tafeln und die Rekonstruktion der Keilschrifttexte für die Forschung eine Herausforderung dar. Außer den Texten der Könige selbst haben wir das Glück, ein fünf Tontafeln umfassendes Schriftstück namens *Topographie von Babylon* zu besitzen, in dem die Stadt, unter namentlicher Nennung von Straßen,

Schreinen, Toren und Tempeln, angeblich vollständig beschrieben wird – ein unschätzbares Quellenwerk für jeden, der sich mit dem Babylon des ersten Jahrtausends v. Chr. befaßt.
Bei unserer Suche nach den Hängenden Gärten sollte uns nachdenklich stimmen, daß sich die einheimischen Keilschrifttexte über Bauten, die auch nur entfernt für das berühmte Bauwunder in Betracht kämen, überraschenderweise in Schweigen hüllen. Keine einzige babylonische Inschrift bezieht sich auf ein Bauwerk, das sich überzeugend mit einem grandiosen königlichen Park identifizieren ließe, insbesondere wenn dieser, falls die weiter unten vorgestellten jüngeren Berichte glaubwürdig sind, eine außergewöhnliche technische Neuerung darstellte. Insofern sollten wir nunmehr prüfen, welche Informationen sich in der Frage der Hängenden Gärten den späteren Autoren entnehmen lassen.
Die Beschreibungen, die unserer Vorstellung von den Gärten Anhalt bieten, stammen in der Hauptsache von fünf Autoren. Die Autorität, deren Ausführungen über babylonische Angelegenheiten die wohlwollendste Prüfung verdient, ist unzweifelhaft Berossos. Dieser war ein Zeitgenosse Alexanders des Großen, seine Geburt wird gewöhnlich um das Jahr 350 v. Chr. datiert. Wir erfahren von ihm, daß er chaldäischer Herkunft und Priester des Bel oder Baal (d. h. des babylonischen Reichsgottes Marduk) war. Später wanderte er aus und ließ sich auf der Insel Kos nieder. Um das Jahr 280 v. Chr. verfaßte er unter dem Titel *Babyloniaka* ein höchst bemerkenswertes Buch, mit dem er den Griechen, die der Keilschrift nicht mächtig waren, die Kultur Mesopotamiens näherzubringen beabsichtigte. Ein zweites Buch dieser Art galt den Assyrern. Dem wenigen nach zu schließen, was von seinem Œuvre überdauert hat, war Berossos offenbar persönlich vertraut mit jener traditionellen Literatur in sumerischer und akkadischer Keilschrift, die buchstäblich über Jahrtausende hinweg weitergereicht worden war und in den babylonischen Schreibschulen nach wie vor gepflegt wurde (Abb. 20). Der Autor widmete seine *Babyloniaka* Antiochos I.

(281–260 v. Chr.), der dem Tempel und den Priestern des Marduk wie überhaupt babylonischer Gelehrsamkeit wohlgesinnt gewesen sein soll. Die Griechen tendierten dazu, andere Völker als Barbaren abzutun, so daß das Buch vermutlich keine allzugroße Leserschaft fand und selbst nicht auf uns gekommen ist. Wir sind in der glücklichen Lage, daß spätere Autoren daraus schöpften und uns so einen Großteil des unschätzbaren Buchs überliefert haben. Was sich erhalten hat, deckt sich großenteils

Abb. 20. Schultafel aus Babylon, auf der in griechischer Schrift die *Topographie von Babylon* eingetragen ist. Auf der Rückseite derselbe Text in Keilschrift. Womöglich um 300 v. Chr. entstanden. (London, Britisches Museum.)

mit mesopotamischen Ideen und Traditionen, wie sie uns auch aus Keilschrifttexten bekannt sind. In seinen Aufzeichnungen schreibt Berossos die Hängenden Gärten von Babylon König Nabuchodonosoros (Nebukadnezar II.) zu. Der jüdische Geschichtsschreiber Josephus Flavius, der Geschichte und Kultur der Juden in ebendem Geiste zu schildern unternahm, der schon Berossos die Feder führte, zitiert die betreffende Passage gleich zweimal; in seinen *Jüdischen Altertümern* (X,11,1) und in seiner

Schrift *Gegen Apion* (I,19). Im folgenden seine Beschreibungen der Bauleistungen Nebukadnezars:

> Bei diesem Palaste ließ er aus Steinen Anhöhen errichten, denen er die Gestalt von Bergen geben und die er mit allerlei Bäumen bepflanzen ließ. Ferner legte er einen sogenannten hängenden Garten an, weil seine Gattin, die aus Medien stammte, danach verlangte, da das bei ihr zu Hause üblich war.
>
> Innerhalb dieses Palastes ließ der König auch hohe steinerne Terrassen errichten, und indem er ihnen durch Bepflanzen mit allerlei Bäumen das Ansehen natürlicher Berge gab, schuf er den sogenannten hängenden Park, vornehmlich seiner Gattin zulieb, die in Medien erzogen war und deshalb ein starkes Verlangen nach Berglandschaft hegte.
>
> (Übers. von H. Clementz)

Zwar schweigen sich die einheimischen Quellen über die Identität der Gemahlin Nebukadnezars aus; eine eheliche Verbindung zwischen den Herrscherhäusern der Babylonier und der Meder ist jedoch historisch durchaus plausibel, und Berossos teilt uns mit, daß die medische Prinzessin den Namen Amytis trug.
Die anderen vier Beschreibungen der gärtnerischen Anlagen enthalten genauere technische Angaben. Um die Mitte des 1. Jahrhunderts n. Chr. liefert uns Diodorus Siculus (*Geschichts-Bibliothek* II,10) die folgende Beschreibung:

> Neben der Burg lag auch der sogenannte hängende Garten, jedoch kein Werk der Semiramis, sondern eines späteren syrischen Königs, welcher denselben einem Nebenweib zuliebe anlegte. Diese sei nämlich von persischem Geschlecht gewesen, und da sie nach den Gebirgsauen Sehnsucht empfand, so habe der König durch jene künstlichen Anlagen die Eigentümlichkeit der persischen Landschaft nachahmen wollen. Dieser Garten war auf jeder Seite gegen vier Plethren lang, ansteigend wie ein Berg, ein Stockwerk über das andere, so daß er einen Anblick wie ein Theater darbot. Unter den ansteigenden Terrassen waren Mauerreihen gebaut, welche die ganze Schwere des Gartens zu tragen hatten und die, wie das Ganze anstieg, immer ein wenig über die vorhergehende hervorragten; die höchste Reihe aber, welche fünfzig Ellen hoch war, trug die oberste Terrasse des Gartens, die von gleicher Höhe mit der Stadtmauer war. Die mit vielen Kosten aufgeführten einzelnen Mauern hatten eine Dicke von zweiundzwanzig Fuß, und zwischen je zwei Mauern blieb ein Zwischenraum von

zehn Fuß. Oben waren Steinbalken quer übergelegt, samt den Fugungen sechzehn Fuß lang und vier Fuß breit. Diese überdeckte man zunächst wieder mit einer Schicht von Schilfrohr und vielem Erdpech, dann mit einer doppelten Schicht gebrannter Ziegelsteine, die durch Gips miteinander verbunden waren, und darauf noch mit einer Decke von Blei, damit die Feuchtigkeit der oben aufgeschütteten Erde nicht in die Tiefe durchsickern könne. Hierauf also trug man Erde an, in genügender Tiefe, daß die größten Bäume Wurzeln fassen konnten. Oben war der Boden geebnet und mit zahlreichen Bäumen bepflanzt, welche sowohl durch ihre Größe, als auch durch sonstige Lieblichkeit den Sinn des Beschauers ergötzten. Da die Mauernreihen übereinander emporragten, so fiel auf diese Weise Licht herein, und es waren zwischen ihnen viele königliche Gemächer angebracht. Eine derselben hatte nach oben Öffnungen, welche bis an die Oberfläche des Gartens gingen, und enthielt Maschinen zum Aufpumpen des Wassers, welches in großer Menge aus dem Flusse emporgetrieben wurde, während man von außen nichts davon wahrnehmen konnte.

(Übers. von A. Wahrmund)

Die Forschung ist zu dem Schluß gekommen, daß die Beschreibung des Diodorus teilweise auf einer verlorengegangenen Geschichte Alexanders beruht, die Kleitarchos von Alexandria in den letzten Jahren des 4. Jahrhunderts v. Chr. verfaßte. Kleitarchos wurde um die Zeit geboren, als Alexander die Perser unter Dareios III. besiegte. Falls er Babylon selbst nie besucht haben sollte, so hatte er doch höchstwahrscheinlich Gelegenheit, mit Soldaten zu sprechen, die unter Alexander gedient und die Stadt zu Gesicht bekommen hatten. Weitere Informationen stammen von dem griechischen Mediziner Ktesias von Knidos, der um 400 v. Chr. in persische Kriegsgefangenschaft geraten und als Leibarzt am persischen Hofe tätig war. Die nämlichen Quellen liegen vermutlich auch dem Bericht des Quintus Curtius Rufus in seiner eigenen *Geschichte Alexanders des Großen* (V,1,32–35) zugrunde:

Über der Burg sind – als ein Wunder, von dem die griechischen Sagen zu erzählen wissen – die hängenden Gärten: sie liegen in der Höhe der Mauerkrone und verdanken ihre Schönheit der Vielzahl schattenspendender, hochgewachsener Bäume.

Von Stein sind Pfeiler errichtet, die das ganze Werk tragen, und über den Pfeilern breitet sich ein Boden aus starkem Quaderstein aus für die hoch aufgeworfene Erde, die darauf liegt, und auch für das Wasser, das diese feucht hält. Und derart mächtige Bäume trägt dieses Bauwerk, daß ihre Stämme acht Ellen dick und bis zu fünfzig Fuß hoch werden, ja sogar Früchte tragen, als nährte sie ihr Mutterboden. Und während sonst der Zahn der Zeit nicht nur Werke von Menschenhand zernagt, sondern im Lauf der Jahre sogar die der Natur selbst, steht dieses wuchtige Bauwerk mit all der Last so viel wurzelschlagender Bäume, ja eines ganzen Haines, noch in unangetasteter Dauer: Denn 20 Fuß breite Wandmauern tragen es, 11 Fuß voneinander entfernt, und schaut man von fern darauf hin, so glaubt man, natürliche Wälder ragten hier auf ihren Bergen auf. Ein König von Syrien, der in Babylon herrschte, soll diesen Bau geschaffen haben – aus Liebe zu seiner Gattin, die aus Heimweh nach ihren Hainen und Wäldern den Gatten dazu bewog, inmitten des Flachlandes mit einem derartigen Bauwerk die anmutige Natur nachzuahmen.

(Übers. von H. Schönfeld)

Bei seinen Ausführungen zum Thema in seiner *Geographie* (XVI,1,5) konnte sich Strabon nach allgemeiner Auffassung auf einen verlorengegangenen Text des Onesikritos stützen, der gleichfalls während der Regierungsperiode Alexanders d. Gr. schrieb:

Babylon liegt gleichfalls in der Ebene, und seine Mauer hat einen Umfang von 365 Stadien [67,514 km] und eine Dicke von zweiunddreißig Fuß [9,866 m]; die Höhe zwischen den fünfzig Mauertürmen beträgt fünfzig Ellen [23,122 m], die der Türme aber sechzig [27,747 m]; der Weg auf der Mauer hin ist so breit, daß Vierspänner leicht beieinander vorbeifahren können. Deshalb wird sowohl diese Mauer den sieben Wunderwerken beigezählt als der schwebende Garten, welcher bei einer viereckigen Gestalt auf jeder Seite eine Länge von vier Plethren [123,32 m] hat. Er wird von Schwibbogen bildenden Gewölben getragen, die eines über dem anderen auf würfelförmigen Pfeilern ruhen; diese Pfeiler aber sind hohl und mit Erde ausgefüllt, so daß sie die Wurzeln der größten Bäume fassen, und sowohl sie selbst als die Schwibbogen und Gewölbe sind aus gebrannten Ziegelsteinen und Erdpech aufgeführt. Das oberste Stockwerk hat treppenähnliche Aufgänge und neben denselben liegende Schraubenpumpen, vermittelst deren dazu angestellte Leute beständig das Wasser aus dem Euphrat in den Garten hinaufheben. Denn der ein Stadium [0,185 km] breite Strom fließt mitten durch die Stadt, und der Garten liegt am Strome.

(Übers. von A. Forbiger)

Schließlich lassen wir Philon von Byzanz zu Worte kommen, der vermutlich um 250 v. Chr. wirkte und dessen Auswahlliste der Sieben Weltwunder in der Überlieferung die größte Verbreitung gefunden hat. Über den berühmten babylonischen Garten läßt er sich wie folgt aus:

> Der sogenannte Hängende Garten wächst über der Erde und ist in der Luft gepflanzt, wobei er mit den Wurzeln der Bäume das Land von oben her wie mit einem Dach bedeckt. Zunächst sind nämlich Säulen aus Stein errichtet, und die gesamte Anlage ruht auf unterirdischen Pfeilern. Darauf liegen Balken aus Palmenholz, die untereinander einen ganz engen Zwischenraum freilassen. Dieses Holz fault als einziges von allen nicht; angefeuchtet und belastet, krümmt es sich nach oben und nährt die Wurzelsprößlinge, wobei es in seinen Klüften die zusammenwachsenden Pflanzen von außen hinzunimmt. Darüber ist eine schwere Erdschicht geschüttet, darauf wachsen breitblättrige, meist in Gärten gepflanzte Bäume und allerlei Arten von bunten Blumen und überhaupt alles, was dem Auge wohlgefällt und Freude am Genuß erweckt. Die ganze Fläche wird wie Ackerland bebaut, das Pflanzen der Sprößlinge geschieht auf ähnliche Weise wie auf festem Boden. So liegt also das bebaute Land über den Häuptern derer, die unten zwischen den Säulen lustwandeln. Wenn man aber die Oberfläche betritt, bleibt die Erde auf dem Dach wie auf tiefem Boden bewegt und jungfräulich. Das Wasser wird aus höhergelegenen Stellen hergeleitet und fließt teils in raschem Lauf abwärts, teils wird es durch ein gewundenes Gehäuse gepreßt und spritzt in die Höhe, wobei es durch die Triebwerke von Maschinen einen Kreislauf vollführt. Das Wasser wird in dichte, lange Rinnen geleitet und bewässert so den ganzen Garten, indem es die Wurzeln der Pflanzen bis in die Tiefe versorgt und den Erdboden feucht hält. Daher gedeihen natürlich immergrüne Pflanzen, und die Blätter, die aus den frischen Zweigen der Bäume hervorsprießen, sind taugenährt und windumweht. Denn die Wurzel, die in feuchtem Zustand gehalten wird, saugt das durchfließende Wasser auf, verästelt sich unter der Erde in dichtem Flechtwerk und sorgt für beständiges, sicheres Wachstum der Bäume. Wahrlich ein üppiges und königliches Kunstwerk und äußerst überwältigend, zeigt es doch die Mühe des Landbaues hoch über den Köpfen der staunenden Besucher.
>
> (Übers. von F. Krinzinger und P. Gamper)

Es spricht für das Vorstellungsvermögen des großen Mechanikers Philon, daß er, falls er tatsächlich um 250 v. Chr. gelebt haben sollte, eine derart detaillierte Schilderung zu geben vermochte, obwohl ihm nicht einmal ein verläßlicher Bericht aus zweiter Hand zur Verfügung stand. Immerhin war Nebukadnezars Palast im Jahre 323 v. Chr. noch so gut erhalten, daß Alexander d. Gr. sich darin zum Sterben betten konnte.

So weit also unsere allgemeinen Kenntnisse der Hängenden Gärten, wie sie uns von den heidnischen Schriftstellern übermittelt wurden. Sofern wir deren Darstellungen überhaupt Glauben schenken können, spricht der archäologische Befund zugunsten der Behauptung Berossos', daß die Anlage der Gärten von König Nebukadnezar veranlaßt wurde. Bevor wir uns der Untersuchung der Stadt Babylon selbst zuwenden, noch ein Wort über andere königliche Gärten im alten Zweistromland, gibt es doch eine Fülle von Hinweisen, daß auch frühere Könige ihre Parks hochschätzten und viel Zeit darauf verwendeten.

Von Sanherib (704–681 v. Chr.), »dem Assyrer, der sich wie ein Wolf auf den Pferch stürzte« (Lord Byron), wissen wir, daß er sich höchstpersönlich für Botanik interessierte. In der Nähe seines Palasts in Ninive ließ er ausgedehnte Gärten anlegen und bemühte sich, diese mit seltenen und exotischen Pflanzen, Kräutern und Bäumen zu bestücken, die in einigen Fällen aus abgelegenen Weltgegenden beschafft werden mußten. Falls die in der Beschreibung auftauchende hübsche Wendung von den »Wolle tragenden Bäumen« richtig gedeutet ist, führte er allem Anschein nach sogar Baumwolle aus Indien ein. Sanherib ließ kein Mittel unversucht, die zuverlässige Versorgung Ninives mit Wasser zu gewährleisten. Vermutlich als Vorsorgemaßnahme gegen die Möglichkeit einer Belagerung ließ er den Fluß Chosr stauen. Anstelle älterer Arbeiten ließ er sogar einen mehrere Kilometer langen Aquädukt erbauen, von dem sich beträchtliche Spuren erhalten haben. Insofern können wir davon ausgehen, daß ausgeklügelte Vorkehrungen getroffen worden sein müssen, eine ausreichende Bewässerung seiner Gärten sicherzustellen.

Auf Königsinschriften haben uns andere frühere Herrscher der Assyrer Beschreibungen ihrer Gärten hinterlassen. In Ninive konnte sich bereits Tiglatpileser I. (1115–1077 v. Chr.) üppiger Gärten rühmen, und in der zeitweiligen assyrischen Hauptstadt Nimrud (dem biblischen Kalach) fand sich auf einer Steinstele eine ausführliche Inschrift, die beschreibt, wie Assurnasirpal II. (883–859 v. Chr.) seine königlichen Gärten in der Nähe der Zitadelle und des Tigris mit verschiedenen Gewächsen bepflanzen ließ, die ihm im Gefolge entschlossener militärischer Unternehmungen zugänglich wurden:

> Von oben kommt Kanalwasser durch die Gärten herabgeflossen; die Wege sind duftgeschwängert; im Lustgarten [glitzern] die Wasserfälle wie Himmelsgestirne. Granatapfelbäume, dicht behangen mit Trauben von Früchten wie Wein, bereichern die Lüftchen, die in diesem Vergnügungspark wehen. Ich, Assur-nasir-apli, lese im Freudengarten unablässig Früchte wie ein Eichhörnchen [?].

Eine vollständige Keilschrifttafel, die heute im Britischen Museum aufbewahrt wird – die spätere Abschrift eines älteren Manuskripts – zählt die Pflanzenvarietäten auf, die sich im Garten des babylonischen Königs Mardukapaliddina (721–710

Abb. 21. Aus dem 7. Jahrhundert v. Chr. datierende babylonische Keilschrifttafel, auf der die Pflanzen im Garten des Mardukapaliddina verzeichnet sind. Es handelt sich um die Abschrift eines älteren Texts. (London, Britisches Museum.)

Abb. 22. Teil eines königlichen Gartens. Assyrisches Mauerrelief aus dem Palast des Assurbanipal. (London, Britisches Museum.)

und 703 v. Chr.), des biblischen Merodachbaladan, fanden (Abb. 21). Aufgeführt werden 67 Arten, vorwiegend Gemüsesorten. Das ebenfalls im Britischen Museum ausgestellte berühmte Relief des letzten bedeutenden Königs der Assyrer, Assurbanipal (668–627 v. Chr.), zeigt einen Teil der königlichen Gärten in seiner Hauptstadt Ninive (Abb. 22).

Angesichts der Beachtung, die die jüngeren Autoren den Hängenden Gärten schenkten, und aufgrund der gut belegten Tradition königlicher Gärten in Mesopotamien können wir unsere Skepsis getrost einen Augenblick lang außer acht lassen. Nehmen wir einmal an, daß ein außergewöhnliches Bauwerk dieser Art auch in der Blütezeit Babylons zu besichtigen war, und wenden wir uns nunmehr der Stadt selbst zu, um einen möglichen Standort auszumachen.

Babylon war die größte Stadt des alten Zweistromlands. Mit einer Fläche von 850 ha übertraf sie, wie einem schematischen Plan der Innenstadt zur Zeit Nebukadnezars (Abb. 23) zu entnehmen ist, selbst Ninive an Ausdehnung. Die Stadt selbst war von einem doppelten Befestigungsring umzogen, der, unter Nabupolassar begonnen und unter Nebukadnezar vollendet, dem Reisenden schon aus der Ferne einen überwältigenden Anblick geboten haben muß. Weiter oben haben wir gesehen, daß zumindest für Strabon diese Stadtmauern allein schon eines der Sieben Weltwunder darstellten. Die Stadt wurde überragt von der Zikkurat, die neben dem Marduktempel in dem riesigen Tempelkomplex Esagila stand. Über das Babylon des Jahrhunderts nach Nebukadnezar erfahren wir einiges aus den *Historien* des Herodot. Der zwischen 490 und 480 v. Chr. geborene Herodot, oft als »Vater der Geschichtsschreibung« bezeichnet, ist mit Sicherheit der bekannteste griechische Prosaschriftsteller. Sein berühmtes Werk, das die verhängnisvolle Auseinandersetzung zwischen Griechen und Persern dokumentiert, enthält eine Fülle von Informationen über die Welt der Antike, darunter zahlreiche faszinierende Einzelheiten über Ägypten und Babylon. Die Gebäude des Mardukheiligtums beschreibt Herodot (I,181–183) wie folgt:

> Mitten in beiden Stadtteilen steht je ein Bau mit Mauern, hier die Königsburg mit großer, starker Ringmauer, dort das Heiligtum des Zeus-Baal, mit Bronzetoren, und das steht noch zu meiner Zeit, zwei Stadien lang und breit, ein Quadrat. In der Mitte des Heiligtums ist ein Turm gebaut, ohne Innenraum, ein Stadion lang und breit, und auf diesen Turm ist ein weiterer Turm gekommen und dann immer noch einer drauf, bis es acht sind. Der Aufstieg ist außen rings um alle Türme herum geführt; und ist man bis zur Mitte aufgestiegen, gibt es einen Ort zur Rast und Sitze zum Ausruhen, und da lassen die Aufsteigenden sich nieder und ruhen sich aus. Auf dem letzten Turm aber steht ein großes Gotteshaus, und in dem Haus steht ein großes Ruhebett mit schönen Decken und daneben ein goldener Tisch. Aber ein Götterbild ist nicht darinnen aufgestellt. Und nachts schläft auch kein Mensch dort, außer zuweilen eine Frau alleine, die sich der Gott auserwählt hat aus allen Frauen des Landes, wie die Chaldäer sagen,

die die Priester dieses Gottes sind. Diese behaupten auch – ich glaube es aber nicht –, daß der Gott selber in den Tempel kommt und auf dem Bette ruht, ganz wie im ägyptischen Theben, wo es die Ägypter behaupten – denn auch dort ruht in dem Heiligtum des ägyptischen Zeus eine Frau, und beide Frauen, erzählt man, nahen sich nie dem Lager eines Mannes –, und ganz wie in Patara in Lykien die Verkünderin des Gottes, wenn er da ist; denn das Orakel wird dort nicht immer erteilt. Ist der Gott aber gekommen, dann wird sie nachts mit eingeschlossen im Innern des Tempels.

Es gibt aber in dem Heiligtum in Babylon noch einen andern, unteren Tempel, da ist ein großes Bild des Zeus, in sitzender Stellung, von Gold, und ein großer Tisch steht neben ihm, auch von Gold, und sein Schemel und der Thron sind auch von Gold. Und wie die Chaldäer erzählten, sind achthundert Talente Gold darauf verwendet worden.

(Übers. von W. Marg)

Der Tempelturm, die Zikkurat, ist wesentlicher Bestandteil der mesopotamischen Zivilisation. Wie Herodot berichtet, hatte die Zikkurat das Aussehen eines Stufenturms aus Lehmziegeln, auf dem ein kleiner Tempel errichtet war. Zikkurate haben sich mehr oder weniger gut in vielen irakischen Städten des Altertums erhalten; indes ist die bekannteste der Turm von Babylon. In der geschichtlichen Überlieferung wird dieser oft mit dem Turmbau zu Babel (1. Mose 11) identifiziert, und im vergangenen Jahrhundert gab es eine hitzige Debatte über die Frage, ob der Turmbau zu Babel mit dem des babylonischen Borsippa oder Aqar Quf gleichzusetzen sei. Da Herodot von den hier zitierten Quellen der Regierungszeit Nebukadnezars zeitlich am nächsten steht, muß es überraschen, daß sein Text die Hängenden Gärten unerwähnt läßt – ein Einwand, der sich nur schwer zurückweisen läßt. Einer Auffassung zufolge waren die Gärten auf der Zikkurat selbst angebracht. Diese Annahme würde mit unseren anderen Schilderungen in einer Hinsicht übereinstimmen, nämlich darin, daß die Funktion der Zikkurat im umfassendsten Sinne darin bestand, den Menschen in unmittelbare Nähe zu den Göttern zu versetzen; die stets abgestufte Form des Bauwerks könnte dem Gerede von der künstlichen Nachbildung eines Bergs im großen Stil Nahrung verschafft haben. Freilich über-

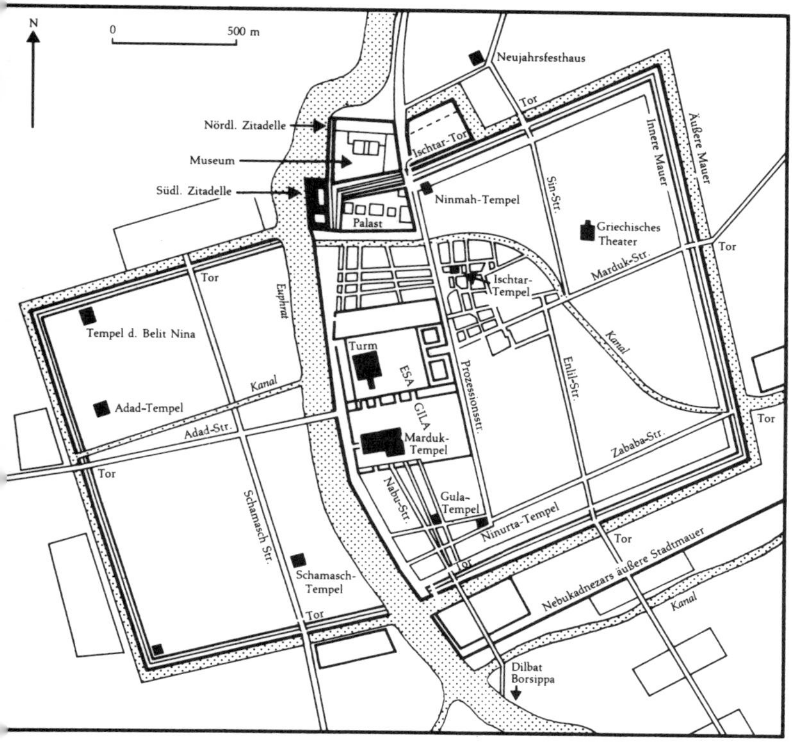

Abb. 23. Schematischer Plan der Innenstadt Babylons unter Nebukadnezar II. (Nach J. Oates.)

sieht dieses Argument, so stichhaltig es zweifellos ist, die unüberwindlichen Schwierigkeiten einer Bewässerung, so daß die Möglichkeit einer Begrünung der babylonischen Zikkurat ausgeschlossen ist. Denjenigen wiederum, die die Hängenden Gärten als mythischen Stoff abtun, sei entgegnet, daß sich hinter den Versen der Dichter immerhin die festgefügte Realität der Zikkurat verbarg.

Abb. 24. Rekonstruktion des Ischtartors aus Babylon. (Berlin, Pergamon-Museum, Vorderasiatische Abteilung.)

Die Innenstadt Babylons zeichnete sich aus durch von Ordnungssinn gebändigten Prunk. Die merkwürdig modern anmutenden Straßen verliefen parallel zum Fluß und in rechtem Winkel zueinander. Acht Tore gewährten Zutritt zur Stadt. Das berühmteste, gewöhnlich unter dem Namen Ischtartor bekannt, befand sich etwa in der Mitte der Nordmauern und führte auf die nicht minder berühmte Prozessionsstraße. Eine von Archäologen mühsam erstellte Rekonstruktion dieses prachtvollen Baus, bei dem von den weiter oben erwähnten blauglasierten Ziegeln (Abb. 24) besonders großzügig Gebrauch gemacht worden war, ist heute in der Vorderasiatischen Abtei-

lung des Pergamon-Museums in Berlin zu sehen (Abb. 24). Durch dieses Tor ritten nacheinander mit Fanfarengepränge die Könige Nebukadnezar, Dareios und Alexander d. Gr. mitsamt Gefolge in die Stadt ein.
Zu Nebukadnezars Zeiten standen in Babylon gleich mehrere Paläste. Die Nordburg befindet sich unmittelbar hinter den Stadtmauern, während von dem sogenannten Sommerpalast verhältnismäßig wenig überdauert hat. Das bedeutendste Gebäude war die Südburg, die fünf große Hofanlagen einschloß, umgeben von einem Labyrinth von Kammern und Gemächern. Hier befand sich der königliche Thronsaal, Schauplatz des in der Bibel geschilderten Gastmahls von Belsazer und Sterbeort des noch immer um Hephaistion trauernden Alexanders d. Gr. Zur Ausschmückung dieses Palastes bediente man sich der nämlichen glänzend emaillierten Ziegel. In der zweiten Hälfte seiner Regierungszeit ließ Nebukadnezar nördlich von dieser Hauptresidenz einen zweiten Palast aufführen, in dessen Überresten die Archäologen unter anderem eine Art Museum freilegten. Hier waren Inschriften sorgsam gesammelt und gehortet worden, die bis ins Ende des dritten Jahrtausends v. Chr. zurückgehen. Mehr als ein König der neubabylonischen Dynastie scheint sich durch ein derartiges Interesse an Antiquitäten ausgezeichnet zu haben.
Bei seinen Grabungsarbeiten in der Nordostecke des Südpalasts stieß Robert Koldewey auf das unter dem Namen »Gewölbebau« bekannte Gebäude, das er vorsichtig mit den Hängenden Gärten von Babylon identifizierte. Es hatte die Gestalt einer unterirdischen Krypta, die aus einer Reihe von vierzehn gewölbten Kammern bestand. Koldewey beschreibt sie wie folgt:

> Es sind 14 gleichwertige Kammern zu beiden Seiten eines Mittelganges und von einer starken Mauer umgeben. Um dieses ein wenig unregelmäßige Viereck verläuft ein schmaler Korridor, dessen andere Seite nördlich und östlich großenteils von der Burgmauer gebildet wird, während westlich und südlich wieder Reihen gleichwertiger Kammern an ihm liegen. In einer dieser westlichen Kammern liegt ein Brunnen, der in hervorragender Weise von allem, was wir sonst an

Brunnen in Babylon oder anderwärts in der antiken Welt haben, abweicht. Es sind drei nebeneinanderliegende Schachte: ein quadratischer in der Mitte und zwei längliche zu beiden Seiten, eine Anlage, für die ich weiter keine Erklärung sehe, als daß hier ein mechanisches Schöpfwerk arbeitete von der Art unserer Paternosterwerke, bei dem sich die zu einer Kette vereinigten Schöpfkästen über einem auf dem Brunnen angebrachten Rade drehten. Das Rad wird dabei durch ein Göpelwerk in dauernde Umdrehung versetzt. Die Vorrichtung, die heutzutage in dieser Gegend auch üblich ist und »Dolab« (= Kasten) genannt wird, ergibt einen kontinuierlich fließenden Wasserstrom [. . .].
Bei Betrachtung des Grundrisses fällt sofort auf, daß die Mittelkammern bei denselben Spannweiten dickere Mauern haben als die Randkammern. Das läßt sich nur dadurch erklären, daß die ersteren stärker belastet waren als die letzteren, eine Vermutung, die durch die ringsherum laufende Dilationsfuge bestätigt wird, durch welche die Gewölbe selbst von der dicken Viereckmauer getrennt werden. Die Gesamtheit der 14 Tonnengewölbe konnte sich auf diese Weise innerhalb des umgebenden Vierecks von oben nach unten frei bewegen wie der Auszug eines Fernrohrs. In dieser Beziehung ist der »Gewölbebau« ein bisher ohne Analogie dastehendes Gebäude. Seine Eigenart wird noch dadurch hervorgehoben, daß an ihm Haustein verwendet war, wie die zahlreichen, jetzt allerdings formlosen Steinreste und Splitter beweisen, die in der Ruine gefunden sind. Beim Ausgraben macht das einen bedeutend stärkeren Eindruck als beim Bericht.
Wir haben nur zwei Stellen, an welchen Haustein in größeren Massen vorkommt: am Gewölbebau und an der Nordmauer des Kasr. Und – merkwürdig: in der gesamten Literatur über Babylon einschließlich der Keilinschriften ist ebenfalls nur an zwei Stellen von Haustein die Rede, das ist bei der Nordmauer des Kasr und – bei den »hängenden Gärten«!

Nachdem Koldewey dieses Gebäude als Standort der Gärten bestimmt hat, bemerkt er:

Daß der Nachweis im einzelnen auf Schwierigkeiten stößt, wird niemanden wundern, der mehr als einmal antike Realberichte mit den Befunden der Gegenwart in Übereinstimmung zu bringen hatte.

Als Koldewey erstmals seinen Vorschlag unterbreitete, erhob er keineswegs Anspruch auf Gewißheit, sondern stellte lediglich seine Ansichten zur Diskussion. In späteren Veröffentlichungen jedoch galt die Identitätsthese als fast gesichert; danach wurde, was eine bloße Vermutung gewesen, von zahlreichen populärwissenschaftlichen Autoren für bare Münze genommen. Erörterungen der Sieben Weltwunder neigen ebenfalls zu einer umstandslosen Gleichsetzung; und heute wird Besuchern der Ruinenstätte bei einer Führung durch die Reste des Gebäudes erklärt, dies seien die Überbleibsel von Nebukadnezars gefeiertem Bau. Nach einer weiteren Untersuchung des Gewölbebaus sind die zerbröckelnden Gemäuer vor einigen Jahren vom Generaldirektorat für Altertümer in Bagdad restauriert worden.

Im Verlaufe dieser Ausgrabungen konnten Koldeweys Abmessungen zwar verfeinert und weitere Einzelheiten hinzugefügt werden; es traten jedoch keine neuen Funde zutage, die auf den ursprünglichen Zweck des Gebäudes schließen ließen.

Abb. 25. Robert Koldeweys Rekonstruktion des Gewölbebaus als Standort der Hängenden Gärten.

Die von Koldewey zugunsten einer Identifikation vorgebrachten Argumente lassen sich wie folgt zusammenfassen: (1) Verwendung von sonst kaum gebräuchlichen Hausteinen; (2) ungewöhnlich starke Mauern, die anscheinend dazu bestimmt waren, einen schweren Oberbau zu tragen; (3) Vorhandensein eines Brunnens, dessen Anlage einzigartig dasteht. Nachdem Koldewey so viele Angaben wie möglich zusammengetragen hatte, legte er eine Rekonstruktionszeichnung der Hängenden Gärten vor, so wie er sie sich vorstellte (Abb. 25).

Nach Veröffentlichung der Abschlußberichte durch das deutsche Ausgräberteam ließen die meisten Gelehrten das Thema jahrelang auf sich beruhen; da kein neues Beweismaterial entdeckt wurde, gab es vermutlich nicht mehr viel zu erörtern. Vor einigen Jahren haben sich jedoch einige Forscher erneut dem Problem der Hängenden Gärten zugewandt, namentlich W. Nagel und D. J. Wiseman, auf deren Arbeiten ein Großteil der hier mitgeteilten Beobachtungen beruht. Dabei wurden gegen Koldeweys Identifikation zwingende Einwände geltend gemacht.

Allgemein gesprochen, konnte der Nachweis geführt werden, daß die überwölbten Kammern im Komplex des Gewölbebaus eine sehr viel prosaischere Nutzung als Vorratsräume erfuhren; es wurde dort nämlich ein Tontafelarchiv aufgefunden, das vom zehnten bis zum fünfunddreißigsten Regierungsjahr Nebukadnezars datiert. Bei den darin enthaltenen Texten handelt es sich um Verzeichnisse von Öl- und Gersterationen, die an die damals in Babylonischer Gefangenschaft befindlichen Verschleppten aus der Fremde verteilt wurden. Erstaunlicherweise wird auf einigen dieser Tafeln sogar Jojachin von Juda mitsamt seinem Gefolge namentlich aufgeführt – ein außergewöhnlicher Fall von nahtloser Übereinstimmung zwischen keilschriftlichen Quellen und biblischer Überlieferung. Auch andere Gruppen von Gefangenen finden Erwähnung. Aus diesem Grund ist die Vermutung geäußert worden, daß die massive Stärke der Baulichkeiten möglicherweise einem gewissen Sicherheitsdenken entsprach. Über-

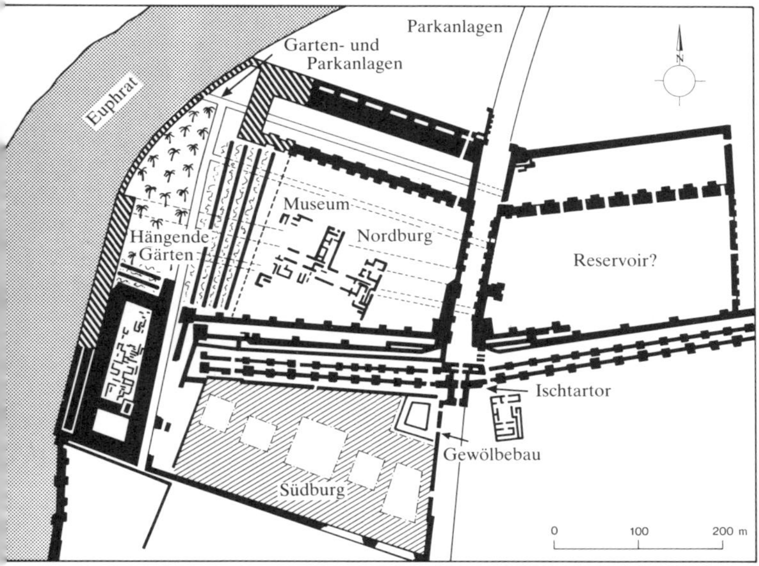

Abb. 26. Skizze des von Donald John Wiseman vorgeschlagenen Standorts der königlichen (»Hängenden«) Gärten in Babylon.

dies ist angezweifelt worden, ob das starke Mauerwerk wirklich dazu angetan war, einen Garten zu tragen, ob es nicht vielmehr dazu diente, eine weitere Trasse des Prozessionsweges abzustützen.

Eine zweite Schwierigkeit ist die große Entfernung des Gewölbebaus vom Euphrat und von jeglicher Wasserversorgung. Es sei hier insbesondere auf Strabons unzweideutige Feststellung verwiesen, daß die Gärten am Fluß lagen. Eine weitere Überlegung gilt der Frage, wie sich ein solcher Standort in der Gesamtanlage der Südburg ausgenommen hätte. Wer, vom Palast des Nebukadnezar kommend, die Gärten aufsuchen wollte, hätte die Säle und Gemächer im Trakt der Beamtenquartiere durchqueren müssen. Da dies das Privatleben des Königs und seiner

Familie, ganz zu schweigen von seinem Harem, empfindlich gestört hätte, hat sich die Forschung in der Stadt nach einer anderen Stelle umgesehen.

Der Leser wende seine Aufmerksamkeit dem zweiten Plan der Nordstadt zu (Abb. 26). Ein Vergleich mit der Karte größeren Maßstabs (Abb. 23) wird ihm helfen, die Hauptorientierungspunkte auszumachen. Koldeweys Gewölbebau liegt etwa in der Mitte. Wiseman hat nun vorgeschlagen, die Hängenden Gärten »auf und nördlich von dem 110 × 230 m großen Ziegelmassiv des ›westlichen Vorwerks‹ zwischen der Westburg, die unseres Wissens von Nebukadnezar und seiner Gemahlin bewohnt wurde, und dem Euphrat« anzusiedeln. Wiseman fährt fort:

> Bei Ausgrabungen am »westlichen Vorwerk« wurden die niedrigeren Niveaus eines kleinen, palastähnlichen Baus freigelegt, bei dem es sich um ein »Sommerhaus, ein Lusthäuschen oder einen Pavillon« gehandelt haben könnte. [. . .] Freilich besaß dieser keinen Eingang, so daß sich der Eingang auf einem höheren Niveau befunden haben muß, vermittelst eines direkt von der Palastterrasse führenden Damms oder einer Brücke.
>
> Daß diese Gärten sich auf Terrassen am Ostufer des Euphrat beschränkt haben sollen, ist unwahrscheinlich, da sie dann den aus der Wüste kommenden Westwinden ausgesetzt gewesen wären und keine

Abb. 27. Zeichnung vom Panorama der königlichen (»Hängenden«) Gärten von Babylon.

Abgeschiedenheit gewährt hätten. Vermutlich setzte sich die Anlage mit mauergeschützten Terrassen gen Norden fort und bildete auf diese Weise eine Art Amphitheater, das vom Palast selbst aus eingesehen werden konnte. Dies hätte zudem den Vorteil jederzeitigen Zutritts zu den ausgedehnten Gärten gehabt, die sich bis zum Bit-Akitu-Tempel erstreckt haben könnten, und weiter nördlich, außerhalb der Zitadelle gelegenen Gärten. Nebukadnezar behauptet, auf übereinandergeschichteten Terrassen einen Bau errichtet zu haben, als er seinen Palast über die doppelte Befestigungsmauer der ursprünglichen »Südzitadelle« hinaus auf den bisweilen »Nordburg« genannten Palast erweiterte. An dieser Stelle wurden tiefe Abflußrinnen gefunden, die sich auch für eine umfangreiche Bewässerung geeignet hätten. Diese waren mit dem östlichen Ausfallvorwerk verbunden, das Bergamini nicht für eine Bastion hielt, sondern für ein Reservoir, mit dem die Zuleitung von Wasser durch das Grabensystem vor den Mauern sichergestellt wurde.

Der irakische Gelehrte Mu'ayyad Damerdschi hat darauf hingewiesen, daß zwei etwa 25 m dicke, wuchtige Mauern am Strom – gestuft, mit Bitumen bestrichen und mit Matten bedeckt – Terrassen gebildet haben könnten. In seiner eigenen Beschreibung des Bauwerks spricht Nebukadnezar davon, daß es »wie eine gewaltige Festungsmauer« angelegt gewesen sei. Es ist durchaus denkbar, daß diese wie die Nachahmung einer Berglandschaft wirkte.

In Fortführung seiner Studien hat D. J. Wiseman unlängst ein rekonstruiertes Panorama der an ihrem neuen Standort angesiedelten königlichen Gärten Nebukadnezars vorgestellt (Abb. 27). Darin versucht er, die überlieferten Berichte mit einer Untersuchung der archäologischen Möglichkeiten dieser Stätte in Einklang zu bringen. Dies stellt mit Sicherheit die Grenzen dessen dar, was sich bei der gegenwärtigen Beweislage vorbringen läßt.

Sherlock Holmes überraschte Dr. Watson einmal damit, daß er von einem Hut, den ein Herr hatte liegen lassen, auf dessen unzweifelhafte Intelligenz schloß: Sein riesiger Schädel lasse eine große Gehirnmasse erkennen, und »ein Mann mit einem so großen Gehirn muß etwas auf dem Kasten haben«. Ein ähnliches

Argument könnte man auch in der Frage der Hängenden Gärten anführen. Selbst wenn man eine große Leichtgläubigkeit gegenüber Reiseberichten und eine von Buch zu Buch erfolgte Weitergabe persönlich nicht näher überprüfter Informationen in Rechnung stellt, bleiben die Ausführungen der klassischen Autoren zu den Hängenden Gärten doch zu beeindruckend, als daß sie leichtfertig abgetan werden könnten. Wie wir gesehen haben, leuchtet die Zuschreibung des Bauwerks durch Berossos ein, stimmt sie doch mit unseren Kenntnissen über Nebukadnezars Bautätigkeit überein. Zudem wissen wir, daß in der traditionellen Vorstellung zu einer mesopotamischen Palastanlage auch ein königlicher Garten gehörte. Zugegebenermaßen bereitet uns das Fehlen einschlägiger Hinweise in Keilschrifttexten Schwierigkeiten, die womöglich noch gravierender sind als die Nichterwähnung der Gärten in der Beschreibung Herodots. Indessen macht die Assyriologie ständig Fortschritte, und es könnte durchaus sein, daß bei den Grabungsarbeiten, die die staatliche irakische Organisation für Altertümer und kulturelles Erbe derzeit in Babylon durchführt, eines Tages ein Text entdeckt werden wird, der neues Licht auf die Angelegenheit wirft. Auch wenn wir die Frage gegenwärtig offenlassen müssen, besteht doch die reale Möglichkeit, daß sich die Hängenden Gärten einstmals tatsächlich gegen den dämmrigen Himmel über Babylon abgezeichnet haben. Und selbst wenn es die Gärten nie so gegeben hat, wie sie uns beschrieben wurden – die Stadtmauern bestanden und bestehen zum Teil auch heute noch, und nach Ansicht Strabons erfüllte die Stadt Babylon selbst allemal die Bedingungen für eine Aufnahme unter die Sieben Weltwunder.

Das Standbild des Zeus zu Olympia

Von Martin J. Price

Während die Olympischen Spiele aller Welt bekannt sind, wissen nur die wenigsten, daß auch das Bildnis jener Gottheit, der zu Ehren die Kampfspiele des klassischen Altertums abgehalten wurden, zu den Sieben Weltwundern rechnete. Olympia war eine Kultstätte. Tempel und Altar des Göttervaters Zeus lockten Wallfahrer aus allen Gegenden der griechischen Staatenwelt an, und die feierliche Ausrichtung sportlicher Wettkämpfe war wichtiger Bestandteil des dort praktizierten Ritus. 1896 wurden die Spiele zu neuem Leben erweckt – für viele hat heute ein Sieg in der olympischen Arena den gleichen Rang wie ein Triumph im Bereich der Politik. Aber auch schon im alten Griechenland verhielt es sich so. In Olympia trafen Athleten aus allen Ecken und Enden der damals bekannten Welt zusammen, und der abgelegene Winkel im Westen Südgriechenlands wurde zum Brennpunkt allgemeinen Interesses.

Da die Spiele aus einem religiösen Ritual hervorgegangen waren, mußten die Teilnehmer griechisches Blut in den Adern haben. »Barbaren«, d. h. Nichtgriechen, durften weder an den Kulthandlungen im Heiligtum des Zeus noch an den Spielen selbst teilnehmen. Um die Bürger zur Teilnahme aufzurufen, begaben sich Herolde zu den entlegensten Vorposten der griechischen Zivilisation. Aus Sizilien und Kyrene, aus Syrien und Ägypten, aus Makedonien und Asien eilten die Menschen nach Olympia. Eine altehrwürdige Sitte gebot den griechischen Staaten, sich jeglicher kriegerischen Auseinandersetzungen für die Dauer der Spiele zu enthalten.

Die südliche Landmasse Griechenlands ist unter dem Namen »Peloponnes« – ›Insel des Pelops‹ – bekannt; ebendieser Pelops verbindet sich auch mit der Einrichtung der Olympischen Spiele. Der Sage nach herrschte einst in einem kleinen Königreich im Westen der Peloponnes, mit Namen Pisa, der König Oinomaos. In seinem Machtbereich lag auch Olympia, ein fruchtbares Gebiet, das dem Götterkönig Zeus und der Mutter Erde geweiht war. Dorthin begaben sich zahllose Gläubige, um sich für das Gelingen der Ernte göttlichen Beistands zu versichern. Da wurde dem König Oinomaos von einem Orakelspruch verkündet, er werde von der Hand seines Schwiegersohnes sterben. Von dunklen Vorahnungen erfüllt, sah er seine Tochter Hippodameia volljährig werden. Er beharrte darauf, daß jeder Bewerber, der um ihre Hand anhalte, sich in einem Wagenrennen, das von Olympia bis zum Tempel des Meergottes Poseidon in Isthmia bei Korinth etwa 130 km nordöstlich gehen sollte, mit ihm messen müsse. Der Freier erhielt einen stattlichen Vorsprung, und es wurde vereinbart, daß er im Falle seines Sieges Hippodameias Hand und den Thron von Pisa erringen solle. Falls der König ihn jedoch einhole, müsse er sterben. Dreizehn Bewerber nahmen die Herausforderung an, und alle dreizehn kamen dabei um. Schließlich trat der junge Pelops auf den Plan. Einigen Quellen zufolge schaltete sich Poseidon ein und sorgte dafür, daß der Streitwagen des Oinomaos zerbrach. Andere berichten, daß Pelops den Rosselenker bestach, den ehernen Achsnagel des Wagens durch einen wächsernen zu ersetzen. Wie auch immer, Oinomaos verunglückte und starb. Daraufhin heiratete Pelops Hippodameia und bestieg den Thron.

Nach Ansicht vieler Griechen sollte das zusammen mit anderen sportlichen Ereignissen in Olympia institutionalisierte Wagenrennen an den Sieg erinnern, der zur Thronbesteigung des Pelops führte. Andere glaubten demgegenüber, daß die Spiele in Wahrheit von Herakles, dem Sohn des Zeus und Helden aller, die Kraft und Ausdauer für sich beanspruchten, zu Ehren seines Vaters ins Leben gerufen worden seien. Heute wissen wir, daß Kampfspiele oftmals mit Bestattungszeremonien verbunden waren. So wie eine irische Totenwache dienten sie dazu, den

Kummer der Trauergäste zu verscheuchen. In Olympia begannen die Spiele vermutlich als Gedenkfest, von den Griechen der Umgegend rund um das Grab jenes Pelops veranstaltet, dem es gelungen war, die Gunst der Götter zu erringen. Sein Grabmal bzw. Kenotaph befand sich im Zentrum des heiligen Gebäudekomplexes. Mit der Zeit verlagerte sich jedoch der Schwerpunkt der Spiele: Während die Rolle, die Pelops gespielt hatte, mehr und mehr in den Hintergrund trat, rückte allmählich die Verehrung des Zeus in den Mittelpunkt.

Die Griechen hatten eine sehr persönliche Vorstellung von ihren Göttern. Direkte Eingriffe der Götter in die Angelegenheiten der Sterblichen waren ein alltäglicher Vorgang. Man glaubte, daß sie ihren Sitz auf dem Gipfel des Olymps in Thessalien, 270 km nördlich von Olympia, hätten. Ihr Herrscher war Zeus, der die Allmacht eines großen Naturgottes mit den Schwächen eines Menschenkönigs und den Eigenschaften eines gerechten und liebenden Vaters vereinigte. Einerseits war Zeus der »Hochdonnernde«, der mit seinem Donnerkeil Blitze aussandte. Andererseits löste seine Schwäche für das andere Geschlecht bei seiner Gemahlin Hera regelrechte Eifersuchtsanfälle aus. Und schließlich war er der Gott der Gastfreundschaft, dem bei einem Festmahl Opfer dargebracht wurden. Der Ort Olympia, dessen Name sich nicht umsonst von dem des heiligen Berges Olymp herleitet, bot Zeus eine zweite Wohnstatt, die im Gefolge der Olympischen Spiele mehr als ein Jahrtausend lang seine zentrale Kultstätte war.

Heute dient der dichtbewaldete Heilige Hain (Altis) des Zeus im fruchtbaren Tal des Alpheios, wo dieser mit dem Kladeos zusammenfließt, Pilgern eines anderen Zeitalters als Treffpunkt. In hellen Scharen kommen die Touristen herbeigeströmt, um die Überreste dieser großen heiligen Stätte zu bewundern. Es konnte nicht ausbleiben, daß sich die Archäologen der Aufgabe zuwandten, der Geschichte des Heiligtums nachzuspüren. Seit 1829 haben Ausgrabungsmannschaften aus Frankreich und Deutschland eine komplexe Ansammlung religiöser Denkmäler freigelegt, vermischt mit Zweckbauten für die Athleten, die sich alle vier Jahre zu den Spielen versammelten. Gleich neben den Tempeln und Weihgeschenken, die die dankbaren Olympioniken und ihre Mäzene im Heiligtum aufstellten, befinden sich das Gymnasion und das Stadion.

Demnach war Olympia keine eigentliche Stadt, sondern vielmehr ein Heiligtum, umgeben von Profanbauten, welche dem täglichen Bedarf der vielen Pilger dienten, die herbeieilten, um sich an den Kulthandlungen sowie an den Festspielen zu beteiligen. Der Ort war eine Art Mischung aus dem wichtigsten islamischen Wallfahrtsort Mekka und dem berühmten englischen Sportzentrum Wembley. Wie bei allen Stätten, an denen sich menschliche Tätigkeit über lange Zeiträume hinweg entfalten kann, verteilen sich über das Gelände Bauwerke sämtlicher Stilepochen, an denen sich die Erweiterung des Heiligtums ablesen läßt.

Die Griechen waren der Ansicht, daß die Spiele zum erstenmal im Jahre 776 v. Chr. stattgefunden hatten, und bedienten sich, so wie wir die Geburt Christi als kalendarischen Stichtag benutzen, dieses offiziellen Datums zur Jahreszählung. Freilich haben die Archäologen inzwischen herausgefunden, daß Olympia den Griechen schon sehr viel früher als Kultstätte diente. Die ersten Bauten bestanden aus Holz und Lehmziegeln. Als die älteren Gebäude verfielen, wurden sie im Lauf der zivilisatorischen Entwicklung durch imposantere Steindenkmäler ersetzt. Das großartigste Bauwerk indes war der dem Zeus gestiftete Tempel.

Dieser gewaltige Bau wurde zwischen 466 und 456 v. Chr. errichtet, als sich in Griechenland mit neuen Bautechniken und einer neuen Weltsicht bereits das klassische Altertum ankündigte. Sein aus der Nachbarstadt Elis stammender Baumeister Libon verwendete als Baumaterial Muschelkalk, ein merkwürdiges einheimisches Gestein, reich an fossilierten Schalentieren, das für die Feinheiten architektonischer Formgebung zwar nicht besonders geeignet sein mochte, dafür aber ein herrlicher Naturstoff war, mit dem sich Zeus, der Gott der Natur, angemessen ehren ließ. Die nüchterne Bauweise entsprach dem um diese Zeit in Südgriechenland vorherrschenden dorischen Stil und ähnelte in vieler Hinsicht der des berühmteren Parthenon in Athen. Der Bau wirkte recht wuchtig und reichte an die Pracht des anderen Tempelbauwunders, des Artemision zu Ephesos, nicht heran.

Zwar war der Tempel die geheiligte Stätte der Gottheit, doch eine Gemeinde aufnehmen konnte er nicht. Das Opfer, Hauptbestandteil der kultischen Verehrung, wurde vielmehr im Freien vor dem großen Altar des Zeus dargebracht. Zur Halbzeit der Olympischen Spiele wurden dort einhundert Ochsen geschlachtet und Zeus zu Ehren verbrannt. Die mit dem Wasser des Alpheios vermischte Asche wurde gepreßt und auf dem Altar zu einem großen Haufen aufgeschichtet, der im Laufe der Jahrhunderte zu einem ungeheuren Berg anwuchs. Das Tempelgebäude diente lediglich dazu, das heilige Kultbild vor den Elementen zu schützen. Das Zeusbild im Innern des Tempels, im Allerheiligsten, symbolisierte nach Auffassung der Gläubigen die Anwesenheit des Gottes selbst. Im Lauf der Zeit lockte der Ort die Besucher mehr wegen seiner Erhabenheit und Ehrwürdigkeit als wegen seiner Heiligkeit an; wie viele Kathedralen der Gegenwart strahlte der Tempel eher die Atmosphäre eines Museums aus.

Noch lange nach seiner Vollendung muß der neue Tempel einen alten oder verehrten Kultgegenstand beherbergt haben, womöglich ein ungestaltes Stück Stein oder Holz, das einem früheren, kleineren Heiligtum entnommen worden war. Der im 5. Jahrhundert v. Chr. vorherrschende Geschmack erheischte jedoch ein sehr viel eindrucksvolleres Bildnis. Der Priesterrat des Heiligtums scheint lange nach einem geeigneten Bildhauer Ausschau gehalten zu haben, der eine Statue zu schaffen vermochte, die erhaben genug wäre, das Ideal des Götterkönigs zu verkörpern. Schließlich betrauten sie den Athener Bürger Phidias, den Sohn des Charmides, mit der gewaltigen Aufgabe.

Für die Akropolis seiner Heimatstadt hatte Phidias bereits zwei mächtige Bildsäulen geschaffen, die noch jahrhundertelang zu den großartigsten Hervorbringungen klassischer Bildhauerkunst zählen sollten. Die erste, eine riesige Statue der Göttin Athena, stand unter freiem Himmel. Mit ihren beinahe zehn Metern war sie so hoch, daß die Seeleute angeblich noch auf hoher See ihren goldenen Helm aufblitzen sahen. Die zweite war ein aus Elfenbein und Gold gefertigtes, ehrfurchtgebietendes Kultbild der Athena für den Parthenon, den ihr zugeeigneten neuen Tempel auf der Akropolis. Darüber hinaus entwarf Phidias, wenn er nicht sogar selbst mit Hand anlegte, die Skulpturen, die die Außenwände des Parthenon schmückten. Die meisten davon werden heute im Britischen Museum aufbewahrt, die einzigen erhaltenen Bildwerke, die uns einen Eindruck vom Personalstil des Phidias verschaffen.
Obwohl seine Skulpturen als Meisterwerke anerkannt waren, mußte Phidias nach Fertigstellung seiner Athena für den Parthenon im Jahre 438 oder 437 v. Chr. die Stadt Athen schmachvoll verlassen. Menon, sein Mitarbeiter an der Statue, hatte ihn bezichtigt, einen Teil des für seine Arbeit zur Verfügung gestellten Goldes veruntreut zu haben. Augenscheinlich vermochte Phidias keine genauen Angaben über die jeweiligen Goldmengen zu machen, die er für die einzelnen Teile des Standbilds verwendet hatte, und zog einer öffentlichen Demütigung die Selbstverbannung vor. Dabei war die Beschuldigung mit Sicherheit aus politischen Beweggründen erhoben worden. Phidias war nämlich mit dem Staatsmann Perikles befreundet, dessen Weitblick und persönlicher Ausstrahlungskraft auf die Bürgerschaft der Stadt der herrliche Wiederaufbau der Stadt nach ihrer Zerstörung durch die Perser im Jahre 480 v. Chr. zu verdanken war. Indessen hatte Perikles politische Gegner, die keine Gelegenheit ungenutzt verstreichen ließen, ihn zu diskreditieren. Die Demütigung seines Freundes Phidias war eine solche Gelegenheit.
Trotz der Anschuldigungen traf Phidias kurz darauf in Olympia

ein, um mit der Arbeit an seinem Meisterstück zu beginnen. Daran, daß ausgerechnet er mit dem neuen Standbild des Zeus beauftragt wurde, läßt sich nicht nur ermessen, welches Vertrauen der Priesterrat von Olympia ihm entgegenbrachte, sondern auch, daß er das Delikt, das ihm in Athen zur Last gelegt wurde, nicht wirklich begangen haben konnte. In Athen hatte Phidias eine besondere Technik für die Errichtung riesenhafter Statuen aus Gold und Elfenbein entwickelt. Zunächst wurde an dem vorgesehenen Standort der Statue ein hölzernes Gestell errichtet, dessen Maße der Gestalt des fertigen Standbildes genauestens entsprachen. Zur Wiedergabe der entblößten Körperteile wurden dünne Elfenbeinschichten zurechtgeschnitzt, während das Gewand und andere Details aus Edelmetallplatten geformt wurden. Mochte der Satiriker Lukian im 2. Jahrhundert n. Chr. ruhig darüber scherzen, daß das Innere des Zeusbilds in Olympia mit Mäusen verseucht war – Goldelfenbeinbilder dieser Art müssen ein überwältigendes Gefühl des Reichtums und der Macht hervorgerufen haben, und ein künstlerisches Produkt dieser Art war durchaus dazu angetan, einen Eindruck von der Majestät des Zeus zu vermitteln.

Phidias hat uns keine Schriften hinterlassen, in denen wir nachlesen könnten, wie er den äußerst schwierigen Auftrag auszuführen gedachte. Bei den Olympischen Spielen des Jahres 97 n. Chr. wurde der Rhetor Dion Chrysostomos gebeten, am Tempel des Zeus eine Rede zu halten. Darin tat er – gerade so, als spräche aus ihm Phidias selbst – seine Auffassung kund, wie der Bildhauer an seine Aufgabe herangegangen sei. Einer gängigen Anekdote zufolge habe Phidias auf die Frage seines engen Verwandten und Mitarbeiters Panainos, wie er sich denn seine Zeusfigur vorstelle, eine Passage aus dem homerischen Epos angeführt, in der von einem gestrengen Zeus die Rede sei – einem Zeus, dessen Kopfbewegungen den gesamten Olymp erzittern ließen. Nach allen Regeln der Redekunst erläuterte Dion Chrysostomos die von einer solchen Passage heraufbeschworenen Eigenschaften und zählte die Namen auf, unter denen Zeus bekannt war: »Vater

und König, Schirmer der Städte, Gott der Freundschaft und Kameradschaft, Beschützer der Schutzflehenden, Gott des Gastrechts, Mehrer des Besitzes ...« Dion zufolge waren alle diese Aspekte des Zeus in seinem Bildnis wiederzufinden.
Der berühmte römische Redner Marcus Tullius Cicero (106 bis 43 v. Chr.) stellte fest, daß Phidias »eine so vollkommene Auffassung von Schönheit in sich trug, daß er, wenn er sich darauf konzentrierte, seine Künstlerhände dazu anhalten konnte, ein wahres Abbild des Gottes anzufertigen.« Die Statue des Götterkönigs war so gestaltet, daß jeder Aspekt seines göttlichen Wesens angedeutet war – eine Figur, die im Herzen derer, die sich in Gegenwart des Zeus selbst zu befinden vermeinten, Furcht vor dem Gott weckte. Wie vermochte Phidias eine derartige Wirkung zu erzielen?
Um uns zu vergegenwärtigen, wie das Bildnis in der Antike wirklich aussah, betrachten wir zunächst die Münzen der Nachbarstadt Elis (Abb. 28), wo der Baumeister Libon geboren wurde. Griechische Münzen mit Miniaturdarstellungen weithin

Abb. 28. Abguß einer griechischen Münze der Kaiserzeit aus Elis mit dem Standbild des Zeus zu Olympia als Reversprägung. (Florenz, Museum.)

bekannter Statuen waren durchaus nichts Ungewöhnliches, und es ist daher nicht weiter erstaunlich, daß das große Kultbild des Zeus die Gestaltung von Münzen bei mehreren Gelegenheiten motivisch inspiriert hat. In der Tat gibt es keine anderen genauen Abbildungen, da sich die außergewöhnliche Statue zu Nachbildungen kleineren Maßstabs anscheinend nicht eignete. Neben Münzfunden verfügen wir jedoch über eine Reihe großartiger literarischer Zeugnisse, die uns in die Lage versetzen, die Statue in vielen Einzelheiten zu rekonstruieren (Abb. 29).

Abb. 29. Zeichnerische Rekonstruktion der chryselephantinen Zeusstatue des Phidias. (Nach J. Swaddling.)

Zu Beginn des 1. Jahrhunderts n. Chr. etwa schrieb der Geograph Strabon (*Geographie* VIII,3,30), daß die Bildsäule des Zeus

> aus Elfenbein und in solcher Größe verfertigt [war], daß der Künstler trotz der Größe des Tempels doch einen Verstoß gegen das richtige Verhältnis gemacht zu haben schien, indem er ihn sitzend und doch beinahe mit dem Scheitel die Decke berührend dargestellt hatte, so daß er die Vorstellung veranlaßte, er werde, wenn er aufstände und sich gerade aufrichtete, den Tempel abdecken.
>
> (Übers. von A. Forbiger)

Demnach vertrat Strabon die Ansicht, daß das Standbild zu groß gewesen sei, um bequem in das Gebäude zu passen. In der Tat besitzen wir eine römische Gemme, die Zeus just in einer solchen unbequem wirkenden Haltung zeigt (Abb. 30).

Abb. 30. Römischer Ringstein aus geschnitztem Karneol mit einer Darstellung der Zeusstatue zu Olympia im Innern des Tempels. (Paris, Nationalbibliothek, Medaillenkabinett.)

Die ungefähren Maße der Statue sind uns aus einem Gedicht des Kallimachos (305–240 v. Chr.) bekannt, das beinahe zweihundert Jahre nach ihrer Aufstellung entstand. Gesamtlänge und -breite lassen sich auch anhand der Bodenfläche des ausgegrabenen Tempels feststellen. Der Sockel war 6,65 m breit, fast 10 m tief und mehr als einen Meter hoch. Das Standbild selbst hatte eine Höhe von 13 m, war also so groß wie ein dreistöckiges

Abb. 31. Blick vom Ostende des Zeustempels zu Olympia. Im Vordergrund sein Mosaikpflaster, das zu der byzantinischen Kirche führte, die im 5. Jahrhundert n. Chr. auf dem Fundament der Phidias-Werkstatt erbaut wurde.

Haus, eine gigantische Figur, die den westlichen Teil des Tempels ausfüllte und das ganze Heiligtum beherrschte.
Eine detaillierte Beschreibung der Statue verdanken wir Pausanias, einem Griechen des 2. Jahrhunderts n. Chr. Dieser bereiste den Peloponnes und verfaßte eine Einführung in die Denkmäler und Bauwerke der Städte, in denen er sich aufhielt. Er hinterließ einen bemerkenswerten Reisebericht, der zwar, weil die Städte nicht überdauert haben, mitunter schwierig zu deuten, dennoch aber unschätzbar ist, versetzt er uns doch in die Lage, den bei der Ausgrabung einer Stätte wie Olympia zutage geförderten Mauertrümmern Namen und Beschreibungen zuzuordnen.
In seiner *Beschreibung Griechenlands* (V, 1, 10f.) schildert Pausanias die Statue des Zeus wie folgt:

> Der Gott sitzt auf einem Thron und ist aus Gold und Elfenbein gemacht, und ein Kranz liegt auf seinem Haupt in Form von Ölbaumzweigen. In der Rechten trägt er eine Nike, ebenfalls aus Elfenbein und Gold, die ein Band hält und auf dem Kopfe einen Kranz hat. In der linken Hand des Gottes befindet sich ein Szepter, mit lauter Metalleinlagen verziert. Der Vogel, der auf dem Szepter sitzt, ist der Adler. Aus Gold sind auch die Sandalen des Gottes und sein Gewand ebenso; an dem Gewand sind Figuren und Lilien angebracht. Der Thron ist in abwechslungsreicher Arbeit aus Gold und Steinen und Ebenholz und Elfenbein, und an ihm sind Figuren gemalt und Bildwerke angebracht.
>
> (Übers. von E. Meyer)

Im Jahre 174 n. Chr. zeigte man Pausanias ein Gebäude auf der Westseite des Tempels unmittelbar vor der Einfassungsmauer des Heiligtums, welches Phidias als Werkstatt zur Fertigung des großen Sitzbildes gedient habe. Die Ausgrabungen des Deutschen Archäologischen Instituts im Jahre 1958 erbrachten den erstaunlichen Beweis, daß sich der Gewährsmann des Pausanias nicht geirrt hatte (Abb. 31). Man stieß nämlich auf zwei Depots mit Schutt, wahre Müllhalden mit Material, das einfach aus dem

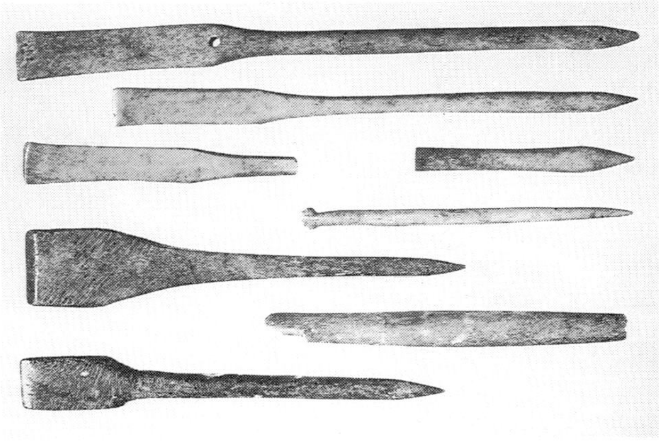

Abb. 32. Bei der Ausgrabung der Phidias-Werkstatt aufgefundenes Werkzeug aus Bein. (Olympia, Museum.)

Abb. 33. Terrakotta-Model zur Gestaltung des Faltenwurfs von der Stätte der Phidias-Werkstatt. (Olympia, Museum.)

Gebäude geworfen worden war. Darauf fanden sich Werkzeuge, die zu Bildhauerarbeiten dieser Art taugten (Abb. 32), ausrangierte Elfenbeinschnitzel, Metall- und Glassplitter, ja selbst Gußformen aus Terrakotta, die zur Gestaltung des Faltenwurfs benutzt worden waren (Abb. 33). Die Schutthalden lassen sich auf die dreißiger Jahre des 5. Jahrhunderts v. Chr. und später datieren. Es besteht kein Zweifel, daß es sich um Abfälle einer Werkstatt handelt, in der eine »chryselephantine« Skulptur, eine Statue aus Gold und Elfenbein, gefertigt wurde, und daß diese Skulptur keine geringere war als das Zeusbild des Phidias. Als hätte es noch weiterer Bestätigung bedurft, stellte sich der Fuß

eines zerbrochenen Kännchens ein, der eine sorgfältig eingeritzte Inschrift in den Lettern des 5. Jahrhunderts v. Chr. trug: »Des Phidias [Eigentum] bin ich« (Abb. 34).
Auch wenn die Ausgräber zunächst hiervon ausgingen, kann die Statue nicht in ihrer Gänze in dieser Werkstatt entstanden und anschließend zum Tempel geschafft worden sein. Der Boden der Werkstatt hätte nie und nimmer das gewaltige Gewicht des vollständigen Sitzbildes getragen; die Zerlegung und Beförderung eines derart komplizierten Bildwerks hätte den Künstler vor unendliche Probleme gestellt. Daher dürften die Einzelteile, obzwar in der Werkstatt entworfen und hergestellt, erst im Tempel zusammengesetzt worden sein. Die Modeln belegen, wie klein viele der Edelmetallplatten gewesen sein müssen. Dabei waren sie mit einer solchen Sorgfalt im Detail gefertigt, wie sie die Arbeiten des Phidias am Parthenon auf der Athener Akropolis auszeichnet.
Pausanias war von seinem Besuch begeistert. Er verschlang sämtliche Einzelheiten des Meisterwerks mit den Augen und schrieb seine Beobachtungen getreulich für die Nachwelt auf. Am meisten beeindruckte ihn der Thron, zum einen, weil Phidias seine ganze Bildschnitzkunst darauf verschwendet hatte, zum anderen aber natürlich auch, weil der Thron im Halbdunkel des Tempelinnern leichter zu erkennen war. Obwohl das Gebäude mit leicht lichtdurchlässigen Marmorziegeln gedeckt war, waren die Einzelheiten an den oberen Abschnitten der Zeusfigur vermutlich nur schwer auszumachen.
Geflügelte Siegesgöttinnen, die einander den Rücken zukehrten, verzierten die Beine des Thronsessels, und über jedem der beiden Vorderbeine waren Figuren von »thebanischen Knaben, die von Sphingen geraubt werden«, angebracht. Die Sphinx, ein Ungeheuer mit Frauenkopf, Löwenkörper und Adlerschwingen, pflegte die Jünglinge der Stadt Theben in Mittelgriechenland zu töten, wenn sie die Lösung ihres Rätsels nicht wußten: »Wer ist es, der morgens auf vier Beinen geht, mittags auf zweien und abends auf dreien?« Die genaue Untersuchung einer Münzabbil-

Abb. 34. Fuß eines athenischen Kännchens aus schwarzem, unglasiertem Steingut mit eingeritztem Besitzvermerk des Phidias. (Olympia, Museum.)

dung der Zeusstatue (Abb. 28) ergibt, daß die Armlehnen von der Figur einer sitzenden Sphinx gestützt werden, deren Flügel sich unterhalb des göttlichen Ellbogens befindet. Einen klareren Eindruck vermittelt uns die in Ephesos entdeckte Gruppenskulptur eines von einer Sphinx ergriffenen Knaben. Genauso muß Phidias sie gestaltet haben.

Eine weitere Szene unter den Sphingen zeigte den Gott Apollon und seine Schwester Artemis, wie sie die arme Niobe und ihre Kinder mit Pfeilen erschießen. Niobe hatte sich damit gebrüstet, Leto, die Mutter Apollons und der Artemis, an Fruchtbarkeit übertroffen zu haben, und mußte ihren Hochmut mit dem Leben büßen. Die Szene war den beiden Seitenwangen des Thronsessels eingeschnitzt. Eine Spur davon hat sich in einer kürzlich publizierten rotfigurigen Vase aus Baschki in Südrußland erhalten, und es wird vermutet, daß die römische Replik einer Originaldarstellung desselben Sujets aus dem 5. Jahrhundert v. Chr. auf die Statue des Zeus zurückgehen könnte. Weitere Nachklänge finden sich auf mehreren Vasen und Reliefs (Abb. 35). Apollon und Artemis waren an den Seitenwangen des Throns jeweils vorn plaziert und schossen die volle Länge der Seite entlang auf die Kinder der Niobe, die sich in Todesschmerzen wanden.

Der an solcherlei Details reiche Bericht des Pausanias belegt, daß die Statue ein wahres Schatzhaus der griechischen Mythologie war. Es fiel ihm auf, daß an der reichverzierten Leiste, die von einem Vorderbein des Throns zum anderen reichte, eine der Figuren fehlte. Wie sie abhanden gekommen war, wußte niemand. Von einer anderen Figur derselben Leiste heißt es:

> »Derjenige, der sich selbst den Kopf mit einer Binde umwickelt, soll dem Pantarkes ähnlich sehen, der elische Knabe Pantarkes soll der Liebling des Phidias gewesen sein. Pantarkes errang auch einen Sieg im Knabenringkampf an der 86. Olympiade [436 v. Chr.].«
>
> (Übers. von E. Meyer)

Diese Erwähnung des Pantarkes verrät uns ziemlich deutlich, wann Phidias in Olympia wirkte.

Einer von dem christlichen Autor Klemens von Alexandria erwähnten Anekdote zufolge war auf einem Finger des Zeus der Satz »Pantarkes ist schön« eingekratzt – ein Graffito, dessen sexuelle Untertöne vermuten lassen, daß der junge Pantarkes in der Tat der Geliebte des Phidias war. In jedem Falle bekräftigen die Geschichten, die Phidias mit Pantarkes in Verbindung bringen, den bei der Ausgrabung der Werkstatt ermittelten Befund, daß Phidias erst nach seiner Flucht aus Athen an der Statue des Zeus arbeitete.

»An den übrigen Leisten ist die Schar dargestellt, die mit Herakles gegen die Amazonen kämpft«, fährt Pausanias in seiner Beschreibung fort. Ihm zufolge gab es 29 Figuren in zwei Gruppen – ein Beleg dafür, daß diese Leisten einen wahrhaft imposanten Bildschmuck aufwiesen. Der Kampf zwischen Herakles und den Amazonen, einem kriegerischen Frauenvolk, das an der Küste des Schwarzen Meeres lebte, ist die neunte Arbeit, die Eurystheus, König von Argos, dem Heros auferlegte. Herakles wurde ausgesandt, der Tochter des Königs den von der Amazonenkönigin Hippolyte getragenen goldenen Gürtel zu beschaffen. Die daraufhin entbrennende Schlacht ist eines der Lieblingsthemen der frühen griechischen Bildhauerei und Malerei. Ein bekanntes Beispiel hierfür ist der von Iktinos, dem Baumeister des Parthenon in Athen, entworfene Fries am Tempel des Apollon zu Bassai in Arkadien, unweit von Olympia gelegen. Der

Abb. 35. Ein hellenistischer Marmortondo zeigt die Tötung der Niobiden durch Apollon und Artemis. Dem Künstler diente möglicherweise der Fries des Phidias aus dem 5. Jahrhundert am Thron seines Zeusstandbilds in Olympia als Vorbild. (London, Britisches Museum.)

Abb. 36. Herakles und die Schlacht mit den Amazonen. Relieffries am Tempel des Apollon zu Bassai. (London, Britisches Museum.)

Fries wurde um 425 v. Chr. gemeißelt, etwa um die gleiche Zeit wie das Zeusbild, und die erregten Bewegungen und aufgewirbelten Gewänder der Kämpfer dürften auch für die feinen Schnitzarbeiten des Phidias typisch gewesen sein (Abb. 36).
Pausanias spricht von vier Säulen, die dem Thronsessel zusätzlich zu seinen vier Beinen Halt verliehen. Auf den Miniaturbildern der Münzen tauchen diese freilich nicht auf, und es könnte sein, daß sie im Originalentwurf des Phidias nicht vorgesehen waren. Wir dürfen sie uns unter dem Thronsessel vorstellen, der das Gesamtgewicht der auf ihm ruhenden Kolossalfigur zu tragen hatte.
In der Linken hielt Zeus ein langes Zepter. Auf seiner rechten Hand stand eine geflügelte Nike von nicht zu unterschätzender Größe, deren Gewicht von der Armlehne des Throns getragen wurde. Seine Füße ruhten auf einem großen goldenen Schemel, dessen Seiten die Form stehender Löwen hatten. Pausanias

erwähnt ein weiteres Amazonenrelief, zu dem diesmal auch Theseus, der Lokalheld Athens, gehört. Der große Sockel, der das Sitzbild trug, war aus schwarzblauem eleusinischem Marmor erbaut und reich verziert mit goldenen Relieffiguren aus bekannten Sagen der griechischen Mythologie: der seinen Wagen besteigende Sonnengott Helios, Zeus und seine Gemahlin Hera, Eros, der die aus dem Meer aufsteigende Liebesgöttin Aphrodite empfängt, die auf einem Pferde reitende Selene und viele andere Figuren. Der dunklere Hintergrund des Gesteins hebt die in einer Momentaufnahme eingefangene Bewegung der Figuren hervor – eine auch an den Friesen des Erechtheion zu Athen verwendete Methode zur Bereicherung der Farbkomposition.

Womöglich der aufregendste Teil des Berichts ist Pausanias' detaillierte Beschreibung der Gemälde des Panainos, angebracht auf den mauerartigen Schranken, welche den Zutritt zu dem Thron verwehrten. Es wird leicht vergessen, daß die Malerei in der Kunst der Antike eine ebenso wichtige Rolle spielte wie zur Zeit der Renaissance. Besucher Pompejis oder des spätminoischen Akrotiri auf der Insel Thera (Santorin) sind sich der theatralischen Wirkung von Wandmalereien in Privathäusern sehr wohl bewußt. Bedauerlicherweise ist praktisch kein einziges griechisches Fresko auf uns gekommen, so daß wir uns nur schwer die Begeisterung vorstellen können, die derartige Wandgemälde ausgelöst haben.

Panainos war einer der führenden Maler seiner Zeit. Pausanias bezeichnet ihn als den Bruder des Phidias, Strabon hingegen als den Neffen. In welcher verwandtschaftlichen Beziehung auch immer sie zueinander standen, sie dürften bei vielen bedeutenden Vorhaben des Phidias zusammengearbeitet haben.

Die Schranken führten neun verschiedene Szenen vor, die vermutlich als Sequenz von Einzelbildern zu beiden Seiten des Throns aufgetragen waren. Im Rücken war der Thron von der Tempelmauer abgeschirmt. Zwar waren die Fresken thematisch nicht weiter miteinander verknüpft, doch waren einige von ihnen eindeutig dazu bestimmt, mit den Relieffiguren zu korrespondieren, die die Außenwände des Gotteshauses zierten. Zwei von ihnen beziehen sich auf die Figuren, die die Tympanoi schmückten, jene dreieckigen Giebelfelder, die von den Schnittlinien der Schmalseite mit den Dachflächen des Satteldachs begrenzt wurden. Gegenstand des Westgiebels war die Vermählung des Lapithenkönigs Peirithoos, angeblich ein Sohn des Zeus, aus Thessalien in Nordgriechenland. Der König hatte zu seiner Hochzeitsfeier auch die Kentauren geladen, wilde Geschöpfe aus dem bewaldeten Bergland, die halb Pferd, halb Mensch waren. Diese betranken sich jedoch, vergriffen sich an den Frauen und versuchten die Braut des Peirithoos zu entführen. Phidias hatte sich dieses Themas bereits bei den Metopen (reliefgeschmückten Platten) an der Außenwand des Parthenon angenommen.

Ein weiteres Gemälde von der Hand des Panainos stellte Hippodameia dar, deren Verbindung mit der Einrichtung der Olympischen Spiele bereits geschildert wurde (s. S. 82). Die Spiele wurden auch von den Skulpturen am Ostgiebel des Tempels gefeiert. Die Heldentaten des Herakles wiederum, die der Architekt zum Vorwurf für die Metopen an den Außenwänden des Tempels genommen hatte (Abb. 37), wurden auf drei Gemälden des Panainos verherrlicht. Neben das Bild der Hippodameia setzte Panainos eine weitere Episode aus den zahlreichen Mythen des Herakles. Er führte Herakles vor, wie er dem titanischen Halbgott Prometheus zu Hilfe eilt, welcher von Zeus dafür bestraft wurde, daß er der Menschheit den Gebrauch des Feuers ermöglichte. Prometheus wurde an einen Felsen gekettet, und Zeus schickte einen Adler aus, der ihm täglich die Leber abfraß, die nachts indes ebenso rasch wieder nachwuchs. Ein Gemälde dieser Art steht in schärfstem Gegensatz zu der von Dion Chrysostomos vertretenen Auffassung eines »milden und freundlichen« Zeus. Die Gläubigen des 5. Jahrhunderts müssen bei seinem Anblick der Schreckensgewalt eingedenk gewesen sein, die der Donnergott Zeus ausübte.

Zu den interessantesten Gemälden des Panainos gehörte ein

Abb. 37. Während Atlas ihm die Äpfel der Hesperiden holt, trägt Herakles das Himmelsgewölbe auf seinen Schultern. Athena schaut zu. Metope am Zeustempel zu Olympia. (Olympia, Museum.)

aktueller zeitgeschichtlicher Verweis auf die siegreiche Schlacht der verbündeten Staaten Mittel- und Südgriechenlands gegen das mächtige persische Großreich. Die Seeschlacht im Golf von Salamis bei Athen im Jahre 480 v. Chr. hatte sich nur wenige Jahre vor Baubeginn des Zeustempels in Olympia zugetragen. Mit der berühmten Stoa Poikile, der bemalten Säulenhalle auf dem Athener Marktplatz, hatte Panainos bereits ein bemerkenswertes Bild von der Schlacht zu Marathon geschaffen, in der das kleine Landheer der Athener im Jahre 490 v. Chr. die Landung der zahlenmäßig weit überlegenen persischen Flotte Dareios' I. vereitelt hatte. Wie das Seegefecht von Salamis galt auch diese

Schlacht als herausfordernder Sieg der Griechen über die barbarischen Völker des Ostens.
Die Gemälde gaben dem großartigen Standbild des Zeus den letzten Schliff. Wenngleich Phidias bereits fünfzig Jahre alt war, als die Arbeiten an der Statue begannen, hat er die Vollendung seines Werks anscheinend doch noch miterleben dürfen. Im Jahre 432 v. Chr. soll er nach Athen zurückgekehrt und dort von seinen politischen Widersachern ermordet worden sein. Wenn wir davon ausgehen, daß die Arbeiten innerhalb von etwa fünf Jahren abgeschlossen wurden, müssen wir annehmen, daß Phidias eine Gruppe von Bildhauern als Mitarbeiter hatte, wie es bei den Skulpturen am Parthenon zu Athen ganz gewiß der Fall war.

> Denn als die Statue fertig war, betete Phidias zum Gott, er möge ihm ein Zeichen geben, ob ihm das Werk nach Wunsch sei, und er habe sofort an der Stelle des Bodens einen Blitz niederfahren lassen, wo noch zu meiner Zeit die bronzene Hydria daraufstand. Der Boden vor dem Kultbild ist nicht aus weißem, sondern aus schwarzem Stein gemacht. Um den schwarzen Stein läuft eine Umrandung aus parischem Marmor rings herum als Schranke für das ausgegossene Öl.
>
> (Übers. von E. Meyer)

Mit diesen Worten beendet Pausanias seine einprägsame Beschreibung der Statue.
Vom Augenblick seiner Fertigstellung an wurde das Sitzbild als das bedeutendste Meisterwerk des »Goldenen Zeitalters« der klassischen Bildhauerei bewundert. Die Pflege des Bildes oblag den »Brünierern«, angeblichen Nachfahren des Phidias. Die merkwürdige, von Pausanias erwähnte Sitte, es mit Öl zu übergießen, galt wohl dem Zweck, den gefährlichen Rissen im Elfenbein entgegenzuwirken, die von der sumpfigen Beschaffenheit der Altis, des heiligen Bezirks, hervorgerufen wurden. Mitte des 2. Jahrhunderts v. Chr. waren diese bereits weit vorangeschritten. Damophon, ein Bildhauer aus Messene weiter im Süden, der eigens herbeigerufen wurde, um die Statue auszubessern, soll sich seiner Aufgabe mit großem Geschick entledigt haben. Möglicherweise wurden erst zu diesem Zeitpunkt die vier bewußten

Säulen eingesetzt, um den Einsturz des Sessels unter dem hohen Gewicht der auf ihm thronenden Figur zu verhindern.

Etwa um die gleiche Zeit, im Jahre 167 v. Chr., weihte König Antiochos IV. von Syrien im Zeustempel einen »wollenen Vorhang, mit assyrischen Webereien und phönikischer Purpurfarbe verziert«. Wahrscheinlich hing dieser Vorhang aus dem Vorderen Orient im Rücken der Statue und war anscheinend so bedeutend, daß Pausanias nicht umhinkonnte, ihn zu erwähnen. Derselbe Antiochos plünderte den Tempel Salomos in Jerusalem und gab Anweisung, ihn in »Tempel des Olympischen Zeus« umzubenennen. Unter den Schätzen, die Antiochos dem Gotteshaus entnahm, muß sich auch der große Vorhang befunden haben, der quer durch das Tempelinnere gespannt war. Zu der Behauptung, daß es sich um denselben Vorhang handelt, den Antiochos dem König seiner Götter in Olympia weihte, bedarf es keiner großen Phantasie.

Unter den Zeus-Anbetern rief die Statue auch weiterhin Ehrfurcht und Staunen hervor. Mehr als 450 Jahre nach ihrer Entstehung erfaßte den römischen Kaiser Caligula (37–41 n. Chr.) – in der Nachfolge der römischen Eroberer, die die Griechen ihrer Kunstschätze beraubten – das Verlangen, die Statue nach Rom zu schaffen. Er entsandte Handwerker, die sich ein Transportmittel ausdenken sollten, doch die Statue »stieß plötzlich ein solches gackerndes Lachen hervor, daß das Gerüst zusammenstürzte und die Arbeiter flohen«. Sueton, dem Biographen Caligulas, gefiel diese Anekdote um einen Kaiser, den er geradezu inbrünstig verabscheute, ausnehmend gut. Indessen blieb das Zeusbild nicht für immer unversehrt. 391 n. Chr. überredete die Geistlichkeit der triumphierenden christlichen Kirche Kaiser Theodosius I. dazu, die Ausübung heidnischer Kulte zu unterbinden und die Tempel zu schließen. Die Olympischen Spiele wurden nicht fortgesetzt und das große Heiligtum in Olympia fortan nicht mehr benutzt.

Das Kultbild, zu dieser Zeit nun schon mehr als 800 Jahre alt, wurde schließlich aus dem Tempel hinweggeschafft, um einem

Palast in Konstantinopel zur Zierde zu dienen. Die Werkstatt des Phidias wurde in ein christliches Gotteshaus umgewandelt. Der Tempel selbst wurde um 425 n. Chr. bei einer Feuersbrunst schwer beschädigt, und im 6. Jahrhundert n. Chr. verlagerte der Alpheios sein Flußbett. Das bereits verwilderte olympische Areal wurde von Erdrutschen, Beben und Überschwemmungen vollends zerstört. Mehr als tausend Jahre lang war die Stätte von einer dicken Schicht Sand, Schlamm und Schutt überzogen. Dank ihrer Überführung nach Konstantinopel war die Statue vor Katastrophen dieser Art bewahrt worden, doch 462 n. Chr. wütete in Konstantinopel selbst ein Großfeuer, dem auch der Palast, in dem das Zeusbild aufbewahrt wurde, zum Opfer fiel. Während auf der Peloponnes das verwahrloste Heiligtum von Olympia weiter verfiel, wurde die außergewöhnliche Skulptur, wohl die bedeutendste Hervorbringung klassischer Bildhauerkunst, an den Ufern des Bosporus vernichtet.

Nicht einmal irgendwelche Nachbildungen haben sich erhalten, die uns eine bessere Vorstellung vom Aussehen der Statue vermitteln könnten. Im libyschen Kyrene diente eine große Kopie als Kultbild des örtlichen Zeustempels. Allerdings wurde bei Ausgrabungen lediglich der Sockel aufgefunden, sonst nichts. Anscheinend widerstrebte es den Bildhauern, die großartige Leistung des Phidias nachzuahmen, und sei es auch nur in Form einer kleinen Statuette. Wir können uns glücklich schätzen, daß wir wenigstens durch die Schriften von Autoren wie Pausanias an der Wirkung der Statue teilhaben können. Wäre sie, wenn auch womöglich ihrer edlen Metalle beraubt, an ihrem Entstehungsort verblieben, so hätten einige ihrer Bruchstücke durchaus überdauern können und würden uns vielleicht auch heute noch mit Bewunderung erfüllen.

Der Tempel der Artemis zu Ephesos

Von Bluma L. Trell

1780 schilderte Edward Gibbon voll Bekümmernis die im Jahre 262 n. Chr. erfolgte Zerstörung des Artemistempels zu Ephesos durch die Ostgoten. Seine beredte Beschreibung des Monuments, das er nur vom Hörensagen kannte, zählt zu den elegantesten Schilderungen, die je verfaßt wurden:

> Die Künste von Griechenland und die Reichtümer von Asien hatten gewetteifert, diesen heiligen und prachtvollen Bau zu errichten. [. . .] Aufeinanderfolgende Weltreiche, das persische, das makedonische und das römische, hatten seine Heiligkeit in Ehrfurcht gehalten und seinen Glanz vermehrt.
>
> (Übers. von J. Sporschil)

Gibbon konnte sich auf die ihm wohlvertrauten historischen und mythischen Geschichten der Griechen und Römer stützen. Auch von den gefeierten Weltwundern hatte er Kenntnis. Freilich war er ein Jahrhundert zu früh geboren, um die Wunder der Spatenwissenschaft noch selbst miterleben zu können. Bei aller Bildung und Intuition hätte er sich nicht träumen lassen, daß der Tempel, den er für immer verloren geglaubt, eines Tages wiederentdeckt werden würde.

Kein Geschichtsphilosoph, Historiograph oder Psychologe hat je zufriedenstellend erklären können, weshalb es erst dem 19. Jahrhundert einfiel, unter der Erde zu graben, um ein verlorengegangenes Monument wiederzufinden (Abb. 38). Die allererste Unternehmung dieser Art in der hellenischen Welt fand in der sumpfigen Niederung nahe der Mündung des Kaystros in Ephesos statt. Sieben Jahre lang, von 1863 bis 1869, grub Gibbons Landsmann John Turtle Wood in dem angeschwemmten Schlamm, bis er schließlich auf die Basisplinthe einer Tempel-

Abb. 38. Heutige Ansicht vom Standort des Artemistempels zu Ephesos. Die Stätte steht teilweise unter Wasser. Eine Säule ist vor einigen Jahren wieder aufgerichtet worden.

säule stieß (Abb. 39). Woods Pionierleistung ging der Entdekkung Trojas durch Heinrich Schliemann im Jahre 1870 voraus. Nun folgte ein Archäologe nach dem anderen Woods Beispiel. Heute, mehr als einhundert Jahre danach, fördert Anton Bammer vom Österreichischen Archäologischen Institut aus dem Innern des Erdbodens, der der Göttin Artemis, der Diana der Epheser, geweiht ist, noch immer Schätze zutage.
Seine prunkvolle Architektur bescherte dem großen Heiligtum der Artemis einen Platz im Kanon der Sieben Weltwunder. Zur Beschreibung des Tempels bediente Plinius der Ältere sich des Ausdrucks »Graecae magnificae«, und er war kein geringerer Historiker als Gibbon. Im Gegensatz zum ägyptischen Tempel, einem Gotteshaus, und der christlichen Kathedrale, einem Gemeindehaus, ist der griechische Tempel als Seelenhaus be-

Abb. 39. Der erste Anblick der in den sechziger Jahren des 19. Jahrhunderts vom Grund des Kaystros geborgenen Säulen des verlorengegangenen Artemisions zu Ephesos. Kupferstich von John Turtle Wood.

zeichnet worden. Der Tempel der Artemis ließe sich als Ausdruck der griechisch-ionischen Seele beschreiben, dem freilich ein hohes Maß an orientalischer Spiritualität beigegeben war. Das Artemision war mehr als nur ein schlichtes, wenn auch überdimensionales und auf allen Seiten von Kolonnaden umringtes rechteckiges Gebilde (Abb. 40). Vielmehr handelte es sich um einen riesigen, glänzenden Marmorbau mit einem geräumigen Innenhof (*sēkos*), der nach oben hin offen war, so daß er aus der Ferne einzusehen war. Wollte man die Fassade betrachten, so mußte man bis zum Altarhof zurücktreten, da man sonst den hoch oben angebrachten Giebelschmuck nicht recht erkennen konnte. Der mit Säulen und Standbildern verzierte Altarhof selbst befand sich in einiger Entfernung vom Tempel, mit direkter Blickrichtung auf die Mitte der Eingangsseite. Der im Altarhof aufgestellte kleine Opferaltar war jedoch seitlich versetzt. Der Priester, der die feierliche Kulthandlung verrichtete, konnte zwar die oberen Teile des Tempels wahrnehmen, mußte jedoch, wenn er sich dem Opferaltar zuwandte, dem Gebäude den Rükken zukehren (Abb. 41) – eine Anordnung, die an den Vorderen Orient erinnert, wo man den Tempel mitunter nicht durch den Vordereingang, sondern durch einen Seiteneingang betrat bzw. durch gekrümmte Korridore zu den inneren Kammern der Kultstätte gelangte.

Marmorne Treppenstufen, die den gesamten Bau wie ein flach auf den Boden gebreiteter riesiger Rahmen säumten, führten auf die hochgelegene Tempelterrasse. Die erhöhte Plattform war etwa 78,5 m breit und 131 m lang. Plinius d. Ä. teilt mit, daß

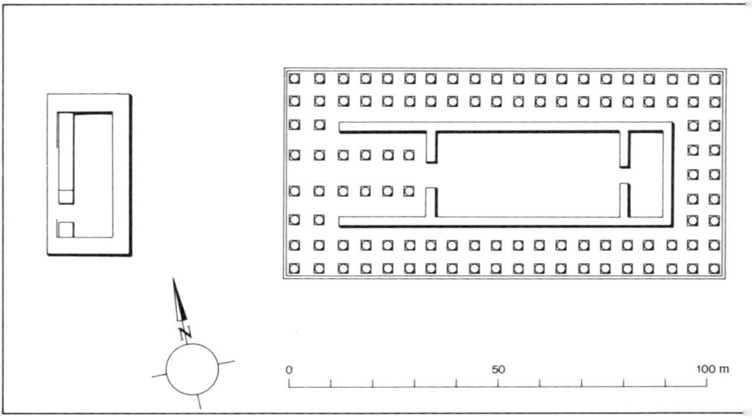

Abb. 40. Grundriß des spätklassischen Artemistempels zu Ephesos mit Altarhof. Zwar sind viele Säulen noch nicht aufgefunden worden, doch verzeichnet der Plan die von dem römischen Schriftsteller Plinius d. Ä. erwähnte Gesamtzahl. (Nach A. Bammer.)

die schlanken Säulen mit ihren wunderbaren Kanneluren eine Höhe von 20 m hatten. Ihre kunstvoll gearbeiteten Basen bestanden aus ringförmigen Marmorkehlungen, welche die um die unteren Säulentrommeln »schreitenden« Relieffiguren stützten – eine in der Antike nahezu beispiellose architektonische Augenweide. Exquisite ionische Kapitelle, von fachkundiger Hand mit anmutigen Schnecken (Voluten) verziert, schützten die Säulen und trugen die marmornen Hauptbalken (Architrave). Am Fries waren keine Relieffiguren angebracht; statt dessen wies das oberste Gesims, welches das dreieckige Giebelfeld abstützte, einen kräftigen Zahnschnitt auf. Das Tympanon besaß drei auffällige Luken oder Fenster, von denen die mittlere mit Türen ausgestattet war. Die mittlere Öffnung wurde von zwei Amazonenfiguren eingerahmt; neben den Dachtraufen be-

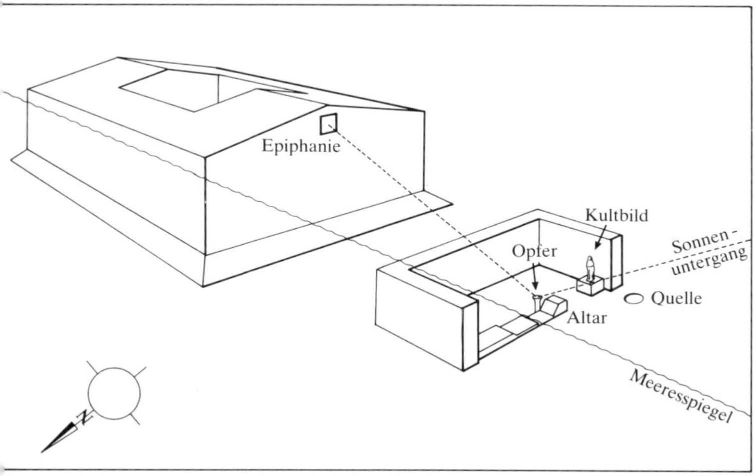

Abb. 41. Skizze der vor dem Artemistempel abgehaltenen religiösen Zeremonie. Der Priester steht vor dem Opferaltar im Altarhof und wendet seine Aufmerksamkeit der göttlichen Erscheinung im Giebelfenster des Tempels zu. (Nach A. Bammer.)

fanden sich zwei weitere. Das Dach selbst war mit Stirnziegeln verziert.

Womöglich noch eindrucksvoller als die Fassade mit ihren »gestuften« Trommeln war der Anblick, der den Besucher empfing, wenn er zwischen den mittleren Säulen eintrat: Vor der Vorhalle ragte ein regelrechter »Säulenwald« auf, der auf skulptierten viereckigen Basen aufruhte. Diesem entsprach ein weiterer steinerner »Wald« in der Vorhalle auf der Rückseite des Tempels. Plinius zählte insgesamt 127 Säulen. Um diese Säulenmenge im Grundplan »unterbringen« zu können, mußte die moderne Archäologie auf der Rückfront neun Säulen annehmen. Die Cella, das Haus der Göttin – vor und hinter sich die mit Säulen angefüllten Vorhallen –, befand sich beinahe im Zentrum des Bauwerks. Wir haben keine Beweise dafür, ob das Kultbild der Artemis Ephesia die heilige Kammer auf ähnliche Weise beherrschte wie die Statuen der Athena in Athen oder die des Zeus in der Weihestätte zu Olympia. Es läßt sich jedoch spekulieren, daß das Kultbild der Artemis Ephesia auch der Größe nach jenen römischen Repliken entsprach, die während der Kaiserzeit im Hof aufgestellt wurden. Mit ihrem kunstvollen Kopfaufsatz (Polos) belief sich ihr Format auf mehr als Lebensgröße.

Der Ruhm des Artemistempels verdankt sich darüber hinaus den außerordentlichen Persönlichkeiten, die im religiösen und politischen Leben der Stadt eine bedeutende Rolle spielten. Die Göttin selbst agierte wie ein Deus ex machina in einem Drama des Euripides. So soll sie dem Architekten Chersiphron dabei geholfen haben, auf das Eingangsportal des großen Marmortempels, den die Archäologen so ganz unromantisch »Tempel D« nennen, den Türsturz zu hieven. Der wuchtige Steinbalken war so schwer, daß der Architekt, als er seine Aufgabe erwog, von Selbstmordgedanken heimgesucht wurde.

Von Anbeginn lockte Artemis Pilger und Touristen an, von denen der Tempel ebenso wie von den Schiffen, die den heiligen Hafen anliefen, Einkünfte bezog. Artemis war auch an den

Gewinnen beteiligt, die die Händler bei Besuchen in ihrem offenen Tempelhof erzielten: Handwerker, die silberne Miniaturen des Kultbilds und des Tempels verhökerten, wahrsagende Magier, die Orakelsprüche feilboten, Priester und Priesterinnen, die Stücke vom Fleisch der Opfertiere verkauften. In der Kultstätte fanden sich zerbrochene Tierknochen, die vermuten lassen, daß die dort verzehrte Nahrung frisch von den Altären stammte. Artemis eilte auch dem letzten lydischen König Kroisos zu Hilfe, der ihr zu Ehren den monumentalen Tempelbau D miterrichtet hatte: Als der persische Eroberer Kyros der Große im Jahre 546 v. Chr. daranging, Kroisos auf einem Scheiterhaufen hinzuopfern, legte sich eine Sibylle bei ihm ins Mittel.

Freilich versäumte die Göttin einzugreifen, als ihr eigenes Heiligtum von einer Katastrophe bedroht war. Von einem Mann namens Herostratos, der auf diese Weise unsterblichen Ruhm zu erlangen suchte, wurde das Gebäude des Kroisos (D) bis auf den Grund niedergebrannt. Ironischerweise leistete dieser verschrobene Kopf einen ganz eigenen Beitrag zur Weltgeschichte: »herostratisch« wurde zum Synonym für »geltungssüchtig«. Dem Schriftsteller Plutarch (um 50 – um 125 n. Chr.) bot Herostratos eine kostbare Gelegenheit, eine schöne Anekdote durch Synchronismus auszuschmücken. Ihm zufolge war die Göttin viel zu sehr mit der Geburt Alexanders des Großen beschäftigt, die genau auf die Nacht der Feuersbrust am 21. Juli 356 v. Chr. fiel, als daß sie ihrem gefährdeten Tempel hätte zu Hilfe kommen können.

Als Alexander d. Gr. im Triumph in Ephesos einzog, zählte er erst 22 Jahre. Ihm war jedoch bewußt, daß erst wenige Jahre zuvor in dem wiederhergestellten Artemistempel (von den Archäologen kurz mit »E« bezeichnet) ein Standbild seines Vaters Philipp II. errichtet worden war. Es war ihm auch nicht unbekannt, daß auf den reliefverzierten Säulen des älteren Tempels D Kroisos' Name mit einer Weihinschrift in griechischer und lydischer Sprache verewigt war. Und er dürfte sich darüber im klaren gewesen sein, daß Spenden für einen Wiederaufbau den Stifter zu einer Ehrentafel berechtigten. Indem er ein Opfer beisteuerte und einen Festumzug zu Ehren der Artemis organisierte, versuchte er sich bei den Ephesern einzuschmeicheln. Als er sich jedoch unter der Bedingung, daß eine Gebäudeinschrift seinen Namen trüge, auch noch erbot, die Fertigstellung des Tempels zu finanzieren, legte ihm ein Bürger der Stadt diplomatisch diskret nahe, daß es einer Gottheit nicht gut anstehe, einer anderen Geschenke zu bereiten.

Auch das Asylrecht des Artemistempels trug zu dessen Ruhm und zur Anhäufung von Schätzen bei. Wie viele Tempel der Antike erfüllte er als religiöse Einrichtung und als Bankhaus gleich einen doppelten Zweck. Von allen Schutzflehenden, die in dem Tempel Zuflucht suchten, waren die legendären Amazonen die faszinierendsten. Ihrem Antrag auf Asyl dürfte denn auch stattgegeben worden sein, erwarben sie sich doch unter anderem den Ruf, den Tempel gegründet zu haben. Immerhin wurden ihre Statuen im Giebelfeld aufgestellt (Abb. 42). Indessen war der historische Gründer des ersten Monumentalbaus, des Marmortempels D, wie allgemein akzeptiert, der Lyderkönig Kroisos. Im Verlauf einer bewaffneten Auseinandersetzung zwischen ihm und einem Neffen spannten die Epheser ein Seil von der gefährdeten Akropolis zu einer der Tempelsäulen und unterstellten so die gesamte Stadt dem Asylrecht. Später im 6. Jahrhundert hielt ein brutaler Tyrann namens Pythagoras eine junge Frau, deren er nicht habhaft werden konnte, da sie sich in den Tempel geflüchtet hatte, dortselbst gefangen. Das Unglück wollte es, daß sie sich in ihrer Verzweiflung erhängte. Als der persische Großkönig Xerxes von den Griechen geschlagen wurde, schickte er seine Kinder zum Artemistempel. Dort wurden sie von Königin Artemisia beaufsichtigt, einer der interessantesten Frauengestalten der griechischen Geschichte, die als Admiralin am Seegefecht gegen die Griechen teilgenommen hatte.

Alexander d. Gr. stellte sein weithin bekanntes ungezügeltes Temperament auch in Ephesos unter Beweis: Während er die

Abb. 42. Eine typische römische Nachbildung der klassischen Amazonenstandbilder, die den Giebel des Artemistempels zierten. Möglicherweise nach einem Original des Polykleitos. (Rom, Kapitolinisches Museum.)

Regeln der Freistätte in einem Fall beachtete und den Oberpriester höflichst um die Auslieferung eines entlaufenen Sklaven ersuchte, verletzte er sie ein andermal, indem er zwei Asylheischende mit Gewalt aus dem Tempel herausholen und zu Tode steinigen ließ. Für die ägyptischen Ptolemäer waren tragische Ereignisse mit dem Tempel von Ephesos verbunden: Im Jahre 259 v. Chr. flüchtete sich Ptolemaios der Sohn, Halbbruder Ptolemaios' III. Euergetes', mit seiner Gemahlin Eirene in den Asylbereich des Tempels, nur um dort gemeuchelt zu werden. Zweihundert Jahre später nötigte Marc Anton den Oberpriester, ihm Kleopatras Schwester Arsinoë auszuliefern. Mit dem Mord an Arsinoë sicherte er Kleopatra (und sich) den ägyptischen Thron.

Der Artemistempel zog aber auch Philosophen, Dichter und Künstler an. Der Philosoph Heraklit (550–480 v. Chr.) zwang sich dazu, seinen Wohnsitz auf dem Tempelgelände zu nehmen, wie es hieß, nicht um einzelnen Menschen, sondern um der Menschheit als ganzer zu entgehen. Chersiphron, der bereits erwähnte sorgengeplagte Baumeister des älteren Tempels D, genoß nicht nur die Unterstützung der Göttin, sondern auch die seines Sohnes, des Architekten Metagenes, sowie eines weiteren Architekten namens Theodoros, der vermutlich auf der nahegelegenen Insel Samos mit statischen Problemen ähnlicher Art zu kämpfen gehabt hatte. Der berühmte Bildhauer Praxiteles fertigte Plastiken für den Altar des Kroisostempels D an, während der spätere Skopas die Säulenbasen des spätklassischen Baus E ausschmückte.

Unter all den Wettbewerben, die im Griechenland des 5. Jahrhunderts v. Chr. etwa in den Bereichen Sport, Lyrik, Drama und Musik abgehalten wurden, standen die Ausschreibungen in der Plastik in vielerlei Hinsicht einzig da. Die Bildhauer wurden aufgefordert, ihre bronzenen Amazonenskulpturen vorzustellen. Die vier Statuen der Künstler Phidias, Polykleitos, Kresilas und Phradmon, die für preiswürdig befunden wurden, waren dazu ausersehen, den Tempel D zu schmücken. Das künstlerische Ereignis fand nicht nur aus Anlaß der Vollendung des Kroisostempels statt, sondern auch zur Feier des Kalliasfriedens im Jahre 449 v. Chr. Zur Veranschaulichung des Konflikts zwischen dem Orient und dem Okzident hätte es kein geeigneteres Symbol geben können als die Amazonen. Diese waren nicht etwa jene sagenhafte Armee einbrüstiger Kriegerinnen, sondern verkörperten irgendwelche Völkerschaften des Alten Orients, möglicherweise die streitbaren Priesterinnen der Ma, einer orientalischen Muttergöttin aus Ostanatolien, das Invasionsheer der Hethiter oder andere Randvölker des Ostens. Ihre Plastiken auf dem Tempel des 5. Jahrhunderts v. Chr. (Abb. 42) symbolisierten die Perser, die aus dem Osten vorgedrungen waren und den Tempel nach dem Sieg über die Lyder erobert hatten.

Im 1. Jahrhundert n. Chr. begab sich Paulus von Korinth nach Ephesos, damals eine wohlhabende und blühende Stadt. Antike Autoren schildern den orientalischen Luxus, die goldenen Säulen und die Tempelgemälde von Künstlerhand oder kritisieren die Stadt als einen Sündenpfuhl mit Bordellen, Sängern, Schauspielern, Lebemännern und Dirnen. Die bekannte Konfrontation zwischen Paulus und einer von dem Silberschmied Demetrios angeführten Menge (Apg. 19,23–40) fand nicht im Tempel, sondern im Theater statt. Als Paulus sich gegen silberne Idole aussprach, ließ die Menge ihrem Zorn freien Lauf und schrie: »Groß ist die Diana der Epheser!« Daß Paulus von der Vulgarität des Kultbilds der Artemis schockiert war, kann mit Sicherheit angenommen werden. Eine anschauliche Beschreibung des Kultbilds stammt von einem anderen heiligmäßigen Mann (oder Männern?) namens Johannes, der Ephesos gleichfalls im 1. Jahrhundert n. Chr. aufsuchte. Angeblich war diesem beim Volk mehr Erfolg beschieden als Paulus, doch in Wahrheit gaben die Epheser den Artemiskult erst gegen Ende des 4. Jahrhunderts n. Chr. auf. Als Johannes in der Stadt umherwandelte, gewahrte er eine bemalte Statue der Artemis mit vergoldeten Lippen und einem Gesichtsschleier. Als er während des Fests der

Göttin dem Theater einen Besuch abstattete, hing über diesem eine so dichte Opferrauchwolke, daß sie die Sonne verdunkelte. Er sah sich auch die Kultprozession an, die sich unter den Klängen der von Priestern geblasenen Hörner zum Tempel bewegte.

Von britischen Archäologen wurde eine auf die Zeit nach dem Besuch der beiden Heiligen zu datierende Inschrift entdeckt, die eine glänzende Beschreibung eines Festumzugs zu Ehren der Artemis liefert. Aus Anlaß ihres Geburtsfestes war dieser von einem Wohltäter namens C. Vibius Salutaris gestiftet worden. Anscheinend nahm die gesamte Einwohnerschaft von Ephesos daran teil: Verwaltungs- und Gerichtsbeamte, Priester und Priesterinnen des Tempels, Musikanten, Tänzer, junge Leute, von denen einige das Opfergerät schleppten, andere die Opfertiere führten, einige Leute zu Pferde und, was am bedeutsamsten ist, andere, die Statuen der Göttin trugen. Die Prozession diente vor allem dem Zweck, das Kultbild der Göttin aus dem Tempel hinauszutragen, so daß sie bei der vor allem aus Spielen bestehenden Theateraufführung zugegen sein und nach ihrer Rückkehr in ihr Heiligtum der Opferhandlung beiwohnen konnte.

Die Artemis Ephesia trug den Beinamen *epiphanēs*, d. h., sie war eine Gottheit, die der Kultgemeinde »erschien«, damit diese sie mit eigenen Augen schauen und verehren konnte. Sie mochte in einem heiligen Fenster auftreten oder auch in einem speziellen Gefährt, einer Art Streitwagen. Die rituelle Erscheinung der Göttin entsprach einer orientalischen, in Anatolien, Syrien, Mesopotamien und Ägypten bereits seit Jahrhunderten praktizierten Tradition. Im Giebel des Tempels besaß Artemis eine große Öffnung, durch die sie sich den unten stehenden Gläubigen offenbaren konnte. Ein derartiges »Erscheinungsfenster« hat sein Vorbild in den Tempeln des phrygischen Reiches, dessen politische Macht zwar zusammen mit seinem letzten König Midas (um 700 v. Chr.) zugrunde ging, dessen einflußreicher religiöser Ritus sich indes von Generation zu Generation vererbte.

Auch die Phryger huldigten einer Göttin, die sich der Gemeinde im Ritual offenbarte, nämlich der großen Muttergottheit Kybele. Diese trat aus den steinigen Berghängen hervor; obwohl sie keine sichtbare Gestalt hatte, war sie zuweilen im Stein selbst anwesend. Zu anderen Zeiten wurde sie als von Löwen bewachte Steinsäule dargestellt oder aber, wiederum von ihren Tieren flankiert, als menschliche Gestalt. Eine in Naturstein gehauene Nische, von der sie eingerahmt war, ergab im Grunde eine Art »Erscheinungsfenster«. In der Tat sind in den »Giebel« eines Felsenheiligtums zwei Fenster dieser Art eingemeißelt, die je ein himmlisches Symbol umschließen. Die Artemis Ephesia besaß nahezu dieselben Attribute wie die phrygische Muttergöttin Kybele. Bezeichnenderweise war Artemis in mehreren anatolischen Dialekten unter dem Namen »Kubaba« (Kybele) bekannt. Die häufige Verwendung des griechischen Beiworts *megalē* (groß) in Verbindung mit ihrem Namen deutet darauf hin, daß sie als die Magna mater, die große Muttergöttin, galt. Eben darin unterscheidet sich die große Göttin von Ephesos von der Jagdgöttin der rein griechischen Mythologie. Ihre Herkunft liegt im Alten Orient, nicht in Griechenland selbst.

Die seltsame vielbrüstige Statue der Artemis Ephesia stellt eine Muttergöttin dar, deren Brüste die Fruchtbarkeit der Frau verkörpern (Abb. 43). Das Standbild wirkt steif, der Unterleib wie ein ägyptischer Mumiensarg. Bei den Verzierungen – Hirsche, Stiere, Löwen, Greife, Sphingen, Sirenen und Bienen – handelt es sich um Geschöpfe, deren Ursprung gleichfalls im Orient liegt. Forscherneugier hat sonderbare Fragen aufgeworfen: Handelt es sich bei den Brüsten wirklich um Brüste? Oder eher um Palmendatteln, Eicheln, Artischocken (Eierfrüchte), Straußeneier, Stierhoden, Beutel zur Verwahrung von Amuletten oder anderen Zierart? Selbst wenn es gelänge, eine befriedigende Antwort auf diese Frage zu finden, wäre ein viel wichtigeres Problem damit noch längst nicht gelöst. Es besteht kein Zweifel daran, daß die »polymastische« Artemis erst vom 3. Jahrhundert v. Chr. bis zur Zerstörung des Tempels durch die Goten im

Abb. 43. Standbild der Göttin Artemis, eine römische Kopie der im Tempel zu Ephesos verehrten Kultstatue. In den kunstvollen Verzierungen, die ihrem starren Körper hinzugefügt wurden, offenbart sie ihre Natur als große Muttergottheit. (Neapel, Nationalmuseum.)

3. Jahrhundert n. Chr. als Kultbild diente. Daher stellt sich die Frage: Wie war das ursprüngliche Kultbild beschaffen?

Im sogenannten Gründungsdepot (um 600 v. Chr.) auf dem ältesten Niveau des Grabungsgeländes wurden primitiv wirkende, starr geformte Statuetten aus Gold, Holz, Elfenbein oder Ton aufgefunden. Über frühe Kultbilder in Form eines Zweiges, eines Baumstamms oder eines vom Himmel gefallenen Steinbrockens sind Legenden überliefert. Xenophon spricht davon, daß er im Tempel eine goldene *xoanon*-Figur sah, eine primitive Statue, die den bei den Ausgrabungen entdeckten Figuren ähnelt. Die archaischen Figurinen des Gründungsdepots weisen eine köstliche Mischung orientalischer Stilmerkmale auf: lydisch, persisch, phrygisch, hethitisch, assyrisch und ägyptisch. Einigen Gelehrten zufolge stellen diese das frühe Kultbild dar, andere hingegen wollen in etlichen der Figurinen Priesterinnen erblicken. Eine der Figuren, die bis vor kurzem als Darstellung eines Priesters galt, hat sich inzwischen als Priesterin herausgestellt – so groß ist das Problem.

Der Inschrift des Salutaris läßt sich ein Hinweis auf die Identität der frühen Figurinen entnehmen. Von den Statuen, die der großzügige Stifter im Heiligtum aufstellen ließ, bilden einige nicht etwa das vielbrüstige Idol ab, sondern die bogenbewehrte Jagdgöttin bzw. die fackeltragende Göttin der Unterwelt. Wir wissen mit Sicherheit, daß das Kultbild im 2. Jahrhundert n. Chr. keinen Veränderungen unterworfen war; denn die kaiserzeitlichen Münzprägungen führen deutlich eine vielbrüstige Artemis vor. Anders als vielerorts angenommen, sollten die von Salutaris in Auftrag gegebenen Standbilder nicht etwa das Kultbild des Heiligtums darstellen; vielmehr verkörperten sie verschiedene Aspekte der Gottheit, die der wankelmütigen Bevölkerung der griechisch-römischen Kaiserzeit eher entgegenkamen als eine ausgesprochen orientalische Göttin. Wie die römischen Statuen demonstrierten die archaischen Figurinen des 6. Jahrhunderts v. Chr. verschiedene Aspekte der Göttin. So kommt etwa die Göttin mit Spindel und Falken der hethitisch-phrygisch-syrischen Magna mater Kubaba (Kybele) nahe. Die Verbindung mit Phrygien wird von zwei im Areal des Kroisostempels geborgenen phrygischen Fibeln noch unterstrichen.

Für die Identität des frühzeitlichen Kultbilds noch wichtiger ist der Umstand, daß der spätklassische Tempel E in Konstruktion und Details dem Bau des Kroisos (D) ähnelt. Weshalb beschlossen die Epheser, das äußere Erscheinungsbild des untergegangenen Tempels beizubehalten und sogar die Trommeln einiger zerbrochener Säulen unter der erhöhten Plattform des Neubaus zu bewahren? In Athen vergruben die besiegten Griechen ihre von den Persern beschädigten Statuen und Bauten, bis sie dem Blick völlig entzogen waren, und errichteten auf ihnen einen völlig neuen Gebäudekomplex. In Rom verlangte das Gesetz, daß der Nachfolger des großen kapitolinischen Jupitertempels, der durch ein Erdbeben zerstört worden war (Abb. 82), seinem Vorgänger originalgetreu nachgebaut werde. Heute ist es, wie etwa im Falle Coventrys und Hiroshimas, Usus geworden, einen Teil der zerstörten Bausubstanz als sichtbares Mahnmal zu erhalten. Offenbar verwandten die Epheser größte Sorgfalt auf eine Nachahmung des älteren Tempels. Von daher läßt sich die Theorie, wonach sie ein völlig neuartiges Kultbild einführten, schwerlich aufrechterhalten. Ein Auswechseln des Kultbilds wäre ein sehr viel pietätloserer Akt gewesen als ein architektonischer Stilwechsel.

Bis zum Aufkommen neuer Beweise sollten wir von der Annahme ausgehen, daß das Idol im 4. Jahrhundert v. Chr. nicht ausgetauscht wurde. Die Untersuchung der heiligen Stätte ist noch nicht abgeschlossen. Es steht zu vermuten, daß das Heiligtum im 7. und im frühen 6. Jahrhundert aus einem mehrfach umgebauten altarähnlichen Gefüge (genannt A, B und C) auf der Westseite und aus zwei weiteren Baudenkmälern (dem hundert Fuß langen Hekatompedos und dem Rampenaltar) auf der Ostseite bestand. Diese wurden überbaut, als 550 v. Chr. der Tempel D und 500 v. Chr. der Altarhof, eine Weiterführung des älteren Rampenaltars, errichtet wurden. Mit seinen nach oben hin offenen altarähnlichen Bauten glich der heilige Bezirk den archaischen Kultstätten des Orients, insbesondere den semitischen Schreinen. Da die Altaranlagen als Wohnstätte der Gottheit aufgefaßt wurden und somit selbst im Zentrum der Verehrung standen, bedurfte es dort keiner Kultbilder. In der Frühzeit des Heiligtums könnte die Situation in Ephesos ganz ähnlich gewesen sein.

Da die frühen Schreine am Ostende der Kultstätte nach Osten blickten, während die am Westende nach Norden gingen, wird mancherorts die Auffassung vertreten, daß am Artemision mehr als ein Kult gefeiert, ja möglicherweise sogar bis zu acht Gottheiten gehuldigt wurde. Demgegenüber erscheint die Annahme von nur zwei Kulten einleuchtender: die verwandten Kulte der Artemis und der Kybele, die später durch Synkretismus zu einer Gottheit mit Doppelnatur verschmolzen wurden. Daß den Orientalen griechisch-römische Götter aufgezwungen wurden, war ja durchaus nichts Ungewöhnliches. In Baalbek etwa stellte der den Haupttempel bewohnende Jupiter nicht nur die römische Variante des griechischen Zeus, sondern auch die des einheimischen semitischen Wettergottes Hadad dar. Auch in Alexandria beherbergte mit Sarapis / Zeus Helios ein und derselbe Tempel eine Gottheit mit zweifacher Natur. Nicht von ungefähr verfügte der Jupiter zu Baalbek über einen Tempel mit Kultbild, der in einiger Hinsicht mit dem in Ephesos vergleichbar war.

Es wäre irreführend, wollte man die schwerwiegenden Meinungsverschiedenheiten verschweigen, die in der Forschung nicht nur über das Kultbild und die archaischen Figuren, sondern auch über Datierung, Grundriß und Aufriß des Heiligtums bestehen. Bammer weist nicht ohne einen gewissen Charme darauf hin, daß wir darauf angewiesen sind, eine unanfechtbar datierte Inschrift zu finden. Wenn man sich vergegenwärtigt, daß die Grabungen in dem meterhohen Schlamm nur unter größten Schwierigkeiten vor sich gingen und Teile des Tempels nicht nur in Kirchen und Moscheen am Ort, sondern sogar in Gebäu-

Abb. 44. Ephesische Münzen der Kaiserzeit mit dem Standbild und dem Tempel der Artemis. *Oben:* Bronzemünze des Maximus (235–238 n. Chr.). Man beachte das Detail des Giebels mit seinen vier Amazonenskulpturen, die die drei Fenster einrahmen. *Unten:* Unter Claudius (41–54 n. Chr.) und Hadrian (117–138 n. Chr.) geprägte silberne Tetradrachmen. Beide zeigen das Standbild der Artemis, das uns auch aus hellenistischen Kopien bekannt ist. Das mittlere Giebelfenster auf der Münze des Claudius spielte bei der im Tempel vollzogenen Kulthandlung eine Rolle (vgl. Abb. 41). Bei der Ausgrabung eines frühchristlichen Hauses in Ephesos fand sich ein Teil eines antiken Fensterrahmens.

den von Konstantinopel (Istanbul) verbaut worden waren, nimmt es nicht wunder, daß mit der Entdeckung der Überreste des berühmten Tempels mehr Fragen zur Lösung anstanden als je zuvor.

Es ist erstaunlich, daß das zuverlässigste Beweismaterial für das wirkliche Aussehen der Tempelfassade erst sehr spät Aufmerksamkeit fand. Der große Tempel E taucht nämlich auf ephesischen Münzen auf, die zu einer Zeit geprägt wurden, da das heilige Bauwerk noch unversehrt in Dienst stand, während der ersten drei Jahrhunderte n. Chr. (Abb. 44). Die Auswertung der Funde wurde von Architekturgeschichtlern wie Bernard Ashmole, Karl Lehmann, Hugh Plommer, William Dinsmoor und Charles Picard vorgenommen. In einem der seltenen Fälle vor Beginn des 20. Jahrhunderts, wo überhaupt Münzabbildungen zur Rekonstruktion des Tempels herangezogen wurden, hat man nur eine einzige Prägung berücksichtigt. So entwarf Johann Bernhard Fischer von Erlach, ein Künstler des 18. Jahrhunderts, ein kirchenähnliches Gebäude mit einer von vier Säulen getragenen Vorhalle (Abb. 45), weil er sich nicht darüber im klaren war, daß die vier Säulen an der Stirnseite des Tempels, die auf der einen Münze zu sehen sind, lediglich eine Verkürzung der – auf anderen Münzen ausgewiesenen – richtigen Achtzahl waren. Auch heute noch scheint die in allen anderen Kunstformen bekannte und akzeptierte Konvention der Verkürzung bei einigen Forschern Verwirrung zu stiften.

Indessen bereitet ihnen nicht nur die Verkürzung als solche Kopfzerbrechen, sondern es verwirren sie auch die scheinbar willkürlichen Diskrepanzen auf verschiedenen Münzbildern ein und desselben Gebäudes. Wenn aber das Handwerk des Graveurs bei genauerer Betrachtung eine erhebliche Verkürzung des Monuments verlangte, damit dieses sich auf einem Miniaturmünzbild darstellen ließ, konnte es gar nicht ausbleiben, daß sich verschiedene Münzmeister zur Darstellung des nämlichen Gebäudes jeweils andere Einzelheiten des Baudenkmals herausgriffen, die sie in den Vordergrund rücken wollten.

Zum Glück ist die Bedeutung der aus dem sogenannten »Gründungsdepot« geborgenen Geldstücke nie in Abrede gestellt worden, spielen sie doch auch bei der Datierung des ältesten Bauwerks der Grabungsstätte eine bedeutende Rolle. Unter den Fundamenten des Kroisostempels (D) wurden 87 der frühesten uns bekannten Münzen aufgefunden, darunter viele im »Gründungsdepot« selbst. Selbst wenn das genaue Datum des Depositoriums noch nicht feststeht, so ist es doch gewiß nicht vor 625 v. Chr. anzusetzen, möglicherweise sogar erst um 575 v. Chr. Jedenfalls steht fest, daß es vor dem unter Kroisos errichteten Bau an dieser Stelle keinen größeren Tempel gegeben haben kann.

Die Architekturmünzen belegen, daß die Säulen der Vorderfront unten mit skulptierten Trommeln verziert waren (Abb. 44). Glücklicherweise erfahren wir aus dem Zeugnis des Plinius,

Abb. 45. Rekonstruktion des spätklassischen Artemistempels. Kupferstich von Johann Fischer von Erlach aus dem Jahre 1721 mit der Zeichnung einer Münze. Daß die Vorhalle von nur vier Säulen getragen wird, erklärt sich aus einem Mißverstehen der Münzprägungen.

Abb. 46. Skulptierte Säulentrommel des spätklassischen Artemistempels zu Ephesos. Zeitgenössische Münzen weisen aus, daß derart ausgeschmückte Trommeln am unteren Ende der Säulen der Fassade angebracht waren. Sie ruhten aber nicht, wie von älteren Schriftstellern angenommen, auf großen viereckigen Basen. (London, Britisches Museum.)

daß 36 Säulen – für einen griechischen Tempel äußerst ungewöhnlich – mit Bildschmuck versehen waren (daher der Ausdruck *columnae caelatae*). Die Ausgrabungen förderten sowohl runde Säulentrommeln (Abb. 46) als auch viereckige Säulenbasen mit Figuren zutage, die beiden großen Tempeln (D und E) angehörten. Freilich gibt Plinius nicht an, wo die skulptierten

Teile plaziert waren. Vor einigen Jahren ist überraschend die Vermutung ausgesprochen worden, daß die skulptierten Säulentrommeln nicht etwa am unteren, sondern vielmehr am oberen Ende der Säulen angebracht waren, als Verzierung des unmittelbar unter den Kapitellen befindlichen Halsglieds (Hypotrachelion). Zur Erhärtung dieser These wurde eine mit Bildwerken bedeckte Säulentrommel angeführt, die unlängst bei der Ausgrabung des Tempels des Apollon Smintheus in Alexandria Troas geborgen werden konnte. An der Unterseite dieser Trommel war der geringfügige Bruchteil einer kannelierten Säule befestigt. Dies scheint darauf hinzudeuten, daß die Trommel nicht am Säulenfuß, sondern am Säulenkopf plaziert war. Doch ebenso wie die Münzprägungen von Ephesos verlegen auch die Münzen von Alexandria Troas die Trommeln an die Säulenbasen. Darüber hinaus ist uns nicht bekannt, wann das kannelierte Säulenfragment auf die Trommel gesetzt wurde, möglicherweise erst, als der Tempel längst in Trümmern lag. Es ist kaum anzunehmen, daß Chersiphron, der sich als Bauleiter ohnehin Sorgen um das Gewicht der Säulen machte, den Druck noch dadurch verstärkte, daß er die schweren Trommeln oben plazierte. Einer Lehrmeinung zufolge war das Giebelfeld von drei Fensteröffnungen durchbrochen, um die auf den Säulen ruhende Last zu verringern. Die bereits bei den Hethitern anzutreffende Konvention, verzierte Stützen unter den Säulen anzubringen, ist mit einem späteren Brauch im Ephesos des 6. Jahrhunderts vergleichbar, als ähnlich verzierte Trommeln an den Säulenfüßen der Arkadenstraße angebracht wurden.

Die auf den Münzen zu erkennende Verbreiterung der Treppenstufen der Plattform läßt sich als Hinweis auf einen Säulenumgang rings um das Gebäude deuten. Auch der Ausgrabungsbefund spricht für eine Kolonnade mit doppelter Säulenreihe auf den Seiten. Um die von Plinius erwähnten 127 Säulen unterzubringen, wurden zusätzlich zu dem Umgang auch für die Vorhallen und Innensäle vorn und hinten Säulenreihen vorgeschlagen. Die genaue Anzahl der Säulen ist ebenso fraglich wie ihre

Aufteilung, doch kann kein Zweifel daran bestehen, daß das Artemision nach dem Tempel von Samos das erste Auftreten eines sogenannten »Säulenwalds« in der hellenischen Welt ist. Zweifellos ist dieser »Säulenwald« von den großen Tempelanlagen Ägyptens beeinflußt worden, die der aus Kreta stammende Chersiphron sehr wohl gekannt und im 6. Jahrhundert v. Chr. in Ephesos eingeführt haben könnte.

Die bei den Ausgrabungen ans Licht geförderten ionischen Kapitelle finden sich auch auf den Münzen wieder. Ebenfalls orientalischen Ursprungs, entwickelten sie sich aus dem älteren proto-äolischen Typ, von dem sich Proben in Israel gefunden haben. Eine jüngst in Ephesos entdeckte Elfenbeinscheibe ist mit Palmettenvoluten verziert, die, wie allgemein anerkannt, eine der Entwicklungsstufen vom äolischen zum ionischen Kapitell darstellen. Aufgrund von anderen Funden wie Relieffragmenten usw. ist für den Tempel D ein umlaufender Figurenfries angenommen worden und für den Tempel E ein Fries, zu dem auch Löwenspeier gehören. Einige der Münzen führen Karniese mit auffälligem Zahnschnitt vor, eine Konvention, die von Felsenmonumenten in der Nähe von Ephesos bestätigt wird. Andere Geldstücke zeigen auf dem Architrav perlenkettenähnliche Kehlungen, die den für Tempel D angenommenen Fries darstellen könnten. Einige der Schmuckreliefs könnten zum Altarhof gehört haben. Mit Sicherheit waren berühmte Altarhöfe aus späterer Zeit dem ephesischen Denkmal nachempfunden, so etwa der Zeusaltar zu Pergamon und die Ara Pacis Augustae zu Rom, die beide gleichfalls mit Reliefskulpturen ausgeschmückt sind.

Die Münzen deuten darauf hin, daß der Tempel überdacht war und Giebelschmuck aufwies (Abb. 44). Laut Auskunft des Vitruvius Pollio wurden dachlose Tempel (Hypäthraltempel) an Vorder- und Rückfront mit je zehn Säulen konstruiert. Dieser Definition zufolge war das Artemision mit seinen acht Säulen auf der Eingangsseite und seinen augenscheinlich neun Säulen an der Rückseite kein Hypäthraltempel. Da jedoch im Areal der Cella eine Rinne zum Abfluß von Regenwasser zutage kam, gehen einige Gelehrte davon aus, daß der Tempel der Witterung ausgesetzt war. Andrerseits legt die Entdeckung von Lehmziegeln und Wasserspeiern nahe, daß der Tempel überdacht war. Für das Dach des Tempels E wurde eine andere Lösung vorgeschlagen: ein verkürztes, stumpfwinkliges Satteldach, das in Giebeln endete und nur den äußeren Säulenring bedeckte, so daß es in der Mitte nach oben offen war. In der Meinung, daß bei soviel Marmor ohne entsprechende Mengen Holz nicht einmal eine heftige Feuersbrunst ausreichend Nahrung gefunden hätte, schlugen einige Forscher für den Kroisostempel D ein hölzernes Dach vor und vermuteten sogar, daß dieses mit herabhängenden Stoffen geschmückt war. Offensichtlich ließen sie außer Betracht, daß Plinius eine ideal gelegene hölzerne Treppe erwähnt, die zum Dach führte und die Flammen hinauftrug, bis sie das gesamte Gebäude durchloderten. Andere wiederum konnten sich selbst unter diesen Umständen keine Feuersbrunst vorstellen. Es verübte doch wohl niemand einen solchen Frevel! Die Geschichte von der Zerstörung des Tempels durch Herostratos, so lautete ihre Theorie, war nichts weiter als eine erdichtete Schuldzuweisung im Zusammenhang mit einer wirklichen Begebenheit, einem gewaltsamen Konflikt mit karischen Nachbarn, die den Tempel ohne weiteres niedergebrannt haben könnten. Das Ziel vieler Kriege der Antike bestand ja darin, das Hauptgebäude des Feindes zu zerstören (ein modernes Beispiel hierfür ist die 1814 erfolgte Brandbeschädigung des Weißen Hauses in Washington). Allerdings leidet diese Theorie daran, daß wir für eine karische Invasion keinerlei Beweise haben. Außerdem wurden die Karier damals von Mausolos regiert, dessen Bewunderung und Vorliebe für die Griechen einen derartigen Feuerangriff mindestens ebenso undenkbar erscheinen läßt wie das Verbrechen des Herostratos.

Daß die Giebel des Tempels von Luken oder Fenstern durchbrochen waren, wird nicht nur durch die Münzen bestätigt, sondern auch durch das in den Trümmern geborgene Fragment eines

Tympanons und den in der Johannesbasilika entdeckten Teil eines Fensterrahmens. Die auf den ephesischen Münzen abgebildeten Fenster sehen genauso aus wie die auf den Münzen von Magnesia, wo die Stilkonvention von weiteren archäologischen Funden bezeugt ist. Die Göttin von Magnesia war ebenso wie die Artemis Ephesia eine *epiphanēs*. Jahrhundertelang wurden die Fenster in numismatischen Publikationen für Tische oder Altäre ausgegeben, nur ein bewundernswert umsichtiger Numismatiker des 16. Jahrhunderts folgte einer richtigen Eingebung und zeichnete sie als Fenster.

Zwei Geldstücke aus der ephesischen Münzserie zeigen im mittleren Fenster des Giebels eine Frauengestalt bei einer rituellen Erscheinung. Auf einer von ihnen gleicht die Gestalt der Artemis Ephesia, auf der anderen eher einer Priesterin. Auf der Bühnenwand des römischen Theaters der Stadt Hierapolis unweit Ephesos gibt es eine ganz ähnliche Priesterin, die vor einem kleinen Schrein der Artemis Ephesia steht. Eine von Bammer vorgelegte Skizze demonstriert die rituelle Verwendung des Tempelfensters gegenüber dem Altarhof, der ungewöhnlich hohe Säulen und einen seitlich versetzten Eingang aufwies, geradeso als habe der Altar mit dem Tempel nur wenig zu tun. Das »Erscheinungsfenster« in Baalbek muß einer ähnlichen Zeremonie gedient haben. Der hohe Altar – der sich eher wie ein unabhängiger Schrein ausnimmt – verwehrte von fast allen Standorten im Hof die Sicht auf die Fassade des Tempels.

Der dem Alten Orient entstammende Giebel mit Fenstern wurde die gesamte christliche Epoche über bis auf den heutigen Tag beibehalten. Eine französische Handschrift des 13. Jahrhunderts zeigt den hl. Johannes bei der Zerstörung des Tempels und des Artemisbildes (Abb. 47): der Tempel hat sich zwar unterderhand in einen mittelalterlichen Kirchenbau verwandelt, aber die Giebelfenster sind geblieben. Am Westportal der romanischen Kirche San Vicente zu Ávila in Spanien findet sich die erstaunliche Miniatur eines authentischen klassischen Tempels mit Säulen und drei Giebelfenstern. Anklänge an Ephesos sind auch an den persischen Stierkopfkapitellen in der Mitte des Portals zu erkennen – eine Form des Kapitells, die bei Ausgrabungen verschiedener Gebäude in Ephesos und in den griechischen Kolonien auf spanischem Boden geborgen wurde. Eine berühmte Legende besagt, daß eine Nachbildung der Kultstatue der Artemis und ihres Tempels nach Marseille und von dort aus zu Schwestertempeln in den spanischen Kolonien der Griechen transportiert wurde. Erscheint auch die Annahme, daß sich derartige Anklänge an das antike Ephesos in Spanien direkt bis ins 12. Jahrhundert hinein halten konnten, auf den ersten Blick wenig glaubhaft, so läßt sich doch für das Mittelalter eine faszinierende Verbindung zwischen Spanien und Ephesos belegen. Spanische Kreuzritter zogen bereits im 11. Jahrhundert in den Nahen Osten, und im 13. Jahrhundert übte eine spanische Gruppe namens Katalanische Großzunft sogar die Regierungsgewalt in Ephesos aus. Über diese Kreuzfahrer könnten die architektonischen Stilelemente der Stadt Ephesos und des berühmten Artemistempels nach Spanien gelangt sein, sei es auf dem Umweg über illuminierte Handschriften oder über orientalische Webwaren.

Auf den Münzen findet sich der einzige Hinweis darauf, daß der Giebel von vier Frauenfiguren verziert war. So wie sie die Fenster einrahmen, bewegen sie sich in der orientalischen Tradition jener herrlichen antiken Monumente der Türkei, die in Naturgestein gehauen wurden. Es ist kein Zufall, daß es sich ausgerechnet um vier weibliche Gestalten handelt. Auch von den preisgekrönten Statuen, die für den Tempel bestimmt waren, gab es vier, und was sie darstellten, waren kriegerische Amazonen. Hier freilich werden sie als Schutzsuchende vorgestellt, die sich in den Tempel flüchten. Ihre Abbildung auf kaiserzeitlichen Münzen bestätigt, daß Tempel E eine getreue Nachbildung des Tempels D war; denn im Jahre 450 v. Chr. waren die Statuen am Tempel D angebracht worden.

Ein Detail der Rekonstruktion, nämlich das Gorgonenhaupt, läßt sich aufgrund von Indizien akzeptieren. Die Gorgo er-

Abb. 47. Französisches Manuskript des 13. Jahrhunderts. Der hl. Johannes zerstört den Tempel der Artemis zu Ephesos. Der Künstler gibt die drei auffälligen antiken Giebelfenster getreu wieder. (Cambridge, Trinity College Library.)

scheint auch an einem frühzeitlichen Tempel in Korfu. Auf einem frühen Relief aus Lokroi (Locri) in Italien nimmt sie denselben Platz ein wie auf den Tempelmünzen. Gorgonenhäupter werden im Zusammenhang mit den wertvollen Baumaterialien erwähnt, die Justinian im 6. Jahrhundert n. Chr. aus dem Tempel entfernen und nach Konstantinopel (Istanbul) schaffen ließ. Zu diesem Zeitpunkt war der Artemistempel bereits nicht mehr erhalten. Nach seiner Zerstörung durch die Goten im Jahre 262 n. Chr. wurden zwar gegen Ende des 3. Jahrhunderts einige Restaurierungsarbeiten vorgenommen, doch im 4. Jahrhundert wurde die Nutzung des Bauwerks kaum noch toleriert. 401 n. Chr. ließ der hl. Johannes Chrysostomos den Tempel vollends niederreißen. Legenden zufolge kamen die Gläubigen daraufhin an Steinen zusammen, die dem Heiligtum entnommen worden waren. Auch das älteste und heiligste Kultbild soll ja ein vom Himmel gefallener Stein gewesen sein, möglicherweise ein Meteor. Die Anbetung von Steinen war also durchaus nichts Außergewöhnliches. Zahlreiche Schwestergottheiten der Artemis Ephesia hatten das Aussehen von Steinen. Die Artemis von Perge etwa, so wie sie auf Münzen der Stadt dargeboten wird, ist nichts weiter als eine Steinplatte mit einem Kopf obenauf. Dank dem Münzbild des Tempels von Ephesos konnten die »Heiden« bis zur Ankunft des Christentums ihren Kult weiterbetreiben – vor dem Tempel in ihrer Hand.

In den folgenden Jahrhunderten erging es Ephesos mal besser und mal schlechter, am schlimmsten jedoch dem Tempel, der unter dem Schlamm der Zeitalter begraben war. Im 17. Jahrhundert war Ephesos ein verlassenes, verwahrlostes, notleidendes Nest. Indessen war der Tempel der Artemis der Menschheit nicht völlig verlorengegangen: Die vielbrüstige Statue der Artemis Ephesia von Neapel und ähnliche Standbilder haben bis auf den heutigen Tag überlebt. Im 16. Jahrhundert dienten sie Raffael als Vorbild für seine Wandmalereien im Vatikan, im 18. Jahrhundert konnte sich Tiepolo bei der Ausführung der Fresken in der Würzburger Residenz auf sie stützen. Eine im 16. Jahrhundert für die Villa d'Este in Tivoli angefertigte Kopie der Skulptur war zur Zeit des Zweiten Weltkriegs immer noch vorhanden. Die auf der Grundlage von Fundmünzen rekonstruierte Frontansicht des Tempels zu Ephesos, die nach dem Zweiten Weltkrieg publiziert wurde, diente dem zeitgenössischen spanischen Maler Salvador Dalí als Vorwurf für ein Gemälde. Einer genauen Nachbildung des Fassadenaufrisses fügte er einige Verehrer der Göttin Artemis beim Tanze hinzu (Abb. 48).

William Shakespeare hat die Erinnerung an Ephesos für alle Zeiten bewahrt; denn es vergehen – in der unsterblichen Prophezeiung des Lyrikers Horaz – weder der Poet noch der Tempel der Artemis je ganz. Die *Komödie der Irrungen* war nach Shakespeares eigenem Eingeständnis eine Nachahmung des Bühnenstücks von Plautus. Statt jedoch wie der lateinische Komödiendichter die griechische Stadt Epidamnos als Schauplatz zu ver-

Abb. 48. Der Tempel der Diana zu Ephesos. Gemälde von Salvador Dalí, 1952. Der Künstler greift die Rekonstruktion des Tempels auf der Grundlage von Münzabbildungen auf (vgl. Abb. 44).

wenden, ließ Shakespeare seine vermögenden, kultivierten und urbanen Charaktere ihre Verwirrungen und Verwechslungen mit dichterischer Freiheit in der Stadt Ephesos ausagieren. Weshalb wohl dieser Schauplatzwechsel? Weil Shakespeare wußte, daß Ephesos eines der reichsten Bankenzentren der Antike war und mit dem prächtigen Tempel der Artemis wahrlich eines der Wunderwerke der Welt für sich beanspruchen konnte.

Das Mausoleum von Halikarnassos

Von Geoffrey B. Waywell

Beim Mausoleum zu Halikarnassos handelt es sich um das prachtvolle Grabdenkmal des Mausolos, von 377 bis 353 v. Chr. Herrscher über Karien und zugleich Satrap (Statthalter) des persischen Großkönigs, in dessen Reich sein eigenes Herrschaftsgebiet lag. Das Gebäude hatte nach antiken Maßstäben so gewaltige Ausmaße und konnte sich eines so verschwenderischen Skulpturenschmucks rühmen, daß es alsbald unter die Sieben Weltwunder gezählt wurde. Zur Zeit der Römer war das Wort »Mausoleum« bereits zu einem Sammelbegriff für größere Grablegen geworden – eine Bezeichnung, die sich bis heute erhalten hat. Mausolos war der Sohn des Hekatomnos von Mylasa. Nachdem er die Regierungsgeschäfte übernommen hatte, verlegte er die Residenz aus seiner Vaterstadt in die Küstenstadt Halikarnassos, wo er seine Schwester Artemisia ehelichte. Nach Angaben der antiken Schriftsteller war es Artemisia, die den Bau des Mausoleums für ihren Bruder und Gatten veranlaßte; daher ist seine Entstehung oft auf die Zeitspanne zwischen ihrem und seinem Tode datiert worden: 353–351 v. Chr. Das Grabdenkmal war jedoch offenkundig viel zu groß, als daß es innerhalb so kurzer Frist hätte entworfen und gerichtet werden können; vermutlich wurde mit den Arbeiten noch zu Lebzeiten des Mausolos begonnen, möglicherweise kurz nach der Neugründung von Halikarnassos um 370 bis 365 v. Chr. Vollendet wurde der Bau um 350 v. Chr., kurz nach dem Ableben Artemisias.

Das antike Halikarnassos entspricht dem heutigen Bodrum im Südwesten der Türkei. Der Hafen der Stadt wird von einer wuchtigen Kreuzritterburg beherrscht, die im 15. Jahrhundert von den Johannitern erbaut wurde (Abb. 49). Das Mausoleum

Abb. 49. Blick vom Kastell St. Peter auf die Stadt Bodrum (das antike Halikarnassos). Das Mausoleum befand sich rechts unterhalb des Theaters auf dem Hügel.

hatte seinen Standort auf einem ebenen Gelände, das heute ein wenig oberhalb des Hafens in unmittelbarer Nähe einer Moschee gelegen ist.

In jüngster Zeit ist die Stätte bei Grabungsarbeiten gänzlich freigelegt worden, doch mag ihr Erscheinungsbild auf den heutigen Besucher etwas verwirrend wirken, da der Hauptbau des Grabmals völlig verschwunden ist. Das einzige, was sich erhalten hat, ist ein Rechteck, das zur Fundamentierung in den Felsen gehauen wurde, der westliche Treppenaufgang, über den der Leichnam des Mausolos zur Beisetzung hinabgetragen wurde, die rekonstruierten Umrisse der Grabkammer sowie eine Anhäufung von zerbrochenen Säulentrommeln und anderen Architekturstücken (Abb. 50).

Vom Mausoleum selbst hat sich an seinem Standort fast nichts erhalten. Um seine Originalgestalt wiederherstellen zu können, müssen wir Beweisstücke aus den verschiedensten Quellen zusammentragen, von denen viele nur fragmentarisch oder aber in ihrem Wert umstritten sind. Das Beweismaterial zerfällt in drei Hauptkategorien: zum einen die Angaben der klassischen Schriftsteller, namentlich der Bericht Plinius' des Älteren; zum anderen die auf uns gekommenen Skulptur- und Architekturstücke, die von den Hospitalitern, nachdem sie die Überreste des Monuments abgetragen hatten, beim Bau des Kastells St. Peter in Bodrum verwendet wurden; und zum dritten die Ausbeute zweier bedeutender Grabungen, die an Ort und Stelle unternommen wurden. Die erste Kampagne wurde zwischen 1856 und 1858 von Sir Charles Newton durchgeführt, mit dem Ergebnis, daß zahlreiche größere Skulptur- und Architekturfragmente

Abb. 50. Bettung des Mausoleums, von Westen her gesehen. Die Position der Grabkammer und der umgestürzte Verschlußstein sind deutlich zu erkennen.

heute dem Britischen Museum in London angehören. Die zweite war die dänische Grabungsexpedition unter Leitung von Professor Kristian Jeppesen von der Universität Århus, die zwischen 1966 und 1977 der Aufgabe nachging, das Gelände mit modernen Methoden freizulegen und zu konservieren.

Die bei weitem wichtigste Darstellung von der Hand antiker Autoren ist die Teilbeschreibung des Mausoleums durch Plinius d. Ä. um 75 n. Chr. (*Naturgeschichte* XXXVI,30–31), die für jede Rekonstruktion des Bauwerks nach wie vor unerläßlich ist:

> »Skopas hatte Nebenbuhler derzeit in Bryaxis, Timotheos und Leochares, von denen im Zusammenhang zu reden ist, weil sie gleicherweise das Mausoleum gemeißel haben. Ein Grabbau ist das, von seiner Gattin Artemisia dem Mausolus gemacht, einem Kleinkönig von Karien, der starb in der 107. Olympiade zweitem Jahr [353 v. Chr.]. Daß dieses Werk unter den sieben Weltwundern sich befindet, bewirkten am meisten diese Künstler. Es erstreckt sich südnördlich je 63 Fuß, kürzer an den Fronten, im ganzen Umfang 440 Fuß. Es erhebt sich zu einer Höhe von 25 Ellen; es wird umgeben von 36 Säulen. Pteron nannte man den Umgang. Im Osten meißelte Skopas, im Norden Bryaxis, im Süden Timotheos, im Westen Leochares; ehe sie fertig wurden, starb die Königin. Danach ließen sie nicht ab, ehe es nicht vollendet war; dies als ein Denkmal ihres Ruhms und ihrer Kunst bewertend, wetteifern sie nunmehr mit ihrer Hände Werk. Es kam noch ein fünfter Künstler hinzu. Nämlich über dem Pteron stellt eine Pyramide eine Gleichheit mit der unteren Höhe her, mit vierundzwanzig Stufen zum Gipfel einer Spitzform sich zusammenziehend. Ganz oben befindet sich ein Viergespann aus Marmor, das Pythis gemacht hat. Kommt dies hinzu, so umfaßt das ganze Werk 140 Fuß an Höhe.«
>
> (Übers. von F. Krischen)

Plinius' Darstellung enthält demnach eine Reihe detaillierter Fakten und Zahlen, die den Eindruck erwecken, als habe sich der Verfasser auf maßgebende Quellen stützen können. In den noch vorhandenen Manuskripten finden sich indessen auch abweichende Lesarten, und einige der angeführten Zahlen scheinen nicht ganz aufzugehen. Wenn etwa der Gesamtumfang in der Tat 440 Fuß betrug und die Nord- und die Südseite länger waren (beide Angaben werden von den freigelegten Fundamenten bestätigt), so hätte die Länge jeder dieser beiden Seiten erheblich mehr betragen müssen als die im Text angeführten 63 Fuß, zumindest zu ebener Erde. Doch selbst wenn man diese Schwierigkeiten in Rechnung stellt, ergibt sich aus Plinius' Beschreibung immer noch ein einigermaßen zutreffendes Gesamtbild, und die folgenden Maßangaben dürften stimmen.

Das Mausoleum war rechteckig angelegt. Vermutlich hatten die Seitenwände am Boden eine Länge von 100 bzw. 120 Fuß, was den von Plinius überlieferten Umfang von 440 Fuß ergäbe. Das Gebäude war 140 Fuß hoch und bestand aus drei Stufen: ein etwa 60 Fuß hoch getürmtes Podium, in Plinius' Darstellung schlicht als »Unterbau« bezeichnet; darüber erhob sich eine Ringhalle mit 36 Säulen, die, den Ausgrabungen nach zu schließen, der ionischen Säulenordnung folgten und vermutlich im Verhältnis 11 zu 9 plaziert waren (elf Säulen auf jeder Längsseite und neun auf jeder Schmalseite, wobei die Ecksäulen doppelt zu zählen sind); darauf wiederum ruhte ein pyramidenförmiges Dach mit 24 zu einem Postament zusammenlaufenden Treppenstufen, das von einem Viergespann bekrönt wurde. Die von Plinius erwähnten 25 Ellen (37½ Fuß) beziehen sich augenscheinlich nur auf die Höhe eines bestimmten Gebäudeteils, aller Wahrscheinlichkeit nach auf die Höhe der Säulenhalle von den Basisplatten bis zum Gesims. Falls dies zutrifft, dürften sich von der restlichen Gesamthöhe 22½ Fuß auf das Pyramidendach und 20 Fuß auf die Quadriga einschließlich Sockel verteilt haben.

Eine weitere allgemeine Schlußfolgerung, die von Plinius' Text nahegelegt wird, in den bisherigen Rekonstruktionsversuchen aber nicht gebührend berücksichtigt worden ist, geht dahin, daß vor allem die künstlerische Qualität des üppigen Skulpturenschmucks dem Mausoleum zu seinem Ruhm verhalf. Plinius benennt vier namhafte griechische Bildhauer, von denen jeder für eine Seite des Bauwerks verantwortlich gewesen sei: Skopas für die Ost-, Bryaxis für die Nord-, Timotheos für die Süd- und Leochares für die Westseite. Freilich erwähnt er außer dem Viergespann der Dachbekrönung, das von Pythis stamme, keine individuellen Bildwerke. Pythis wird gewöhnlich mit jenem Pytheos identifiziert, den Vitruvius Pollio (VII, praef. 12 f.) zusammen mit Satyros als Verfasser eines Werkes über das Mausoleum angibt. Letzten Endes könnte Plinius sich bei seiner Darstellung auf das verlorengegangene Buch von Pytheos und Satyros gestützt haben.

Unter den knappen Hinweisen auf das Mausoleum, die sich in der antiken Literatur zahlreich finden, muß man den kurzen Bericht des Vitruv hervorheben. Zwischen 30 und 25 v. Chr., also etwa einhundert Jahre vor Plinius' Beschreibung, verfaßt, vermittelt er uns zwar nichts nennenswert Neues, doch wird als einer der vier Bildhauer Praxiteles genannt, womit Timotheos nur eine mögliche Alternative wäre. Allerdings hält der überwiegende Teil der Forschung dies für einen Irrtum.

Soweit die antiken Quellen. Wir wenden uns nunmehr dem St.-Peters-Kastell in Bodrum zu, dessen Bau zwar den Untergang des Mausoleums herbeiführte, zugleich aber auch einige seiner Schlüsselelemente für die Nachwelt konservierte.

Allem Anschein nach hatte das Mausoleum noch bis zum 13. Jahrhundert einigermaßen unbeschädigt überlebt; dann erst stürzte der obere Teil des Gebäudes, also Dachpyramide und Säulenhalle, infolge eines Erdbebens ein. Doch erst gegen Ende des 15. Jahrhunderts wurde das Gebäude vollends zerstört. 1494 nämlich beschlossen die Johanniter, ihr im Jahre 1402 errichtetes Kastell in Bodrum neu zu befestigen, wobei sie die Überreste des Mausoleums als willkommenen Steinbruch für die von ihnen benötigten Baumaterialen benutzten. Weite Teile der Außenmauer des Kastells sind aus den grünen Steinquadern vulkanischen Ursprungs gebaut, die den Unterbau des Mausoleums gebildet hatten. Diese Steinblöcke sind im allgemeinen 90 × 30 cm groß und weisen deutliche Spuren der Klammern auf, mit denen sie einst zusammengehalten worden waren. Die marmornen Blendsteine und Skulpturen des Mausoleums wurden größtenteils in kleine Stücke zertrümmert und zur Herstellung von Kalkmörtel gebrannt. Neuere Nachforschungen von Anthony Luttrell beweisen, daß das Zerstörungswerk des Johanniterordens achtundzwanzig Jahre lang währte, bis schließlich im Jahre 1522 fast sämtliche Blöcke des Mausoleums bis auf die Grundmauern entfernt waren und die unterirdische Grabkammer erbrochen und geplündert werden konnte.

1581 veröffentlichte Claude Guichard auf französisch einen außergewöhnlichen Bericht über die Verwüstung des Unterbaus und die Entdeckung der zu diesem Zeitpunkt noch intakten Kammer im Jahre 1522. Es folgen Auszüge aus seiner Schilderung:

> Nach dem Erwerb Bodrums begannen die Hospitaliter das Kastell zu befestigen. Als sie sich nach Steinen zur Kalkgewinnung umsahen und keine passenderen oder zugänglicheren fanden als gewisse Stufen aus weißem Marmor, die sich – mitten auf einem Feld in der Nähe des Hafens, wo sich einst das alte Forum befunden hatte – zu einem Sockel erhoben, zerlegten sie diese und schafften sie zu dem bewußten Zweck fort. Da sie die Qualität der Steine für gut befanden, brauchten sie alles, was sich über dem Erdboden befand, umgehend auf und gingen dann in der Hoffnung auf weitere Funde dazu über, tiefer zu graben. Dabei erzielten sie große Erfolge, denn sie entdeckten schon bald, daß das Bauwerk, je tiefer sie gruben, sich nach unten hin verbreiterte und sie nicht nur mit Steinen zum Brennen, sondern auch mit solchen zum Bauen versah.
>
> Als sie nach vier oder fünf Tagen ein großes Areal freigelegt hatten, erblickten sie eines Nachmittags eine Öffnung von der Art eines Höhleneingangs. Mit Kerzen ausgerüstet, wagten sie sich hinein und stießen auf eine große viereckige Kammer, die von Marmorsäulen umringt war, in deren Plinthen, Kapitelle, Architrave, Friese und Gesimse Reliefs gemeißelt waren. Die Interkolumnien waren mit Platten und Bändern aus verschiedenfarbigem Marmor gesäumt, die mit den anderen Arbeiten gleichwertigen Plastiken und Skulpturen verziert und in den weißen Grund der Wand eingelassen waren. Dort fanden sich auch Friese mit historischen Darstellungen und Schlachtenszenen. Nachdem sie diese einzigartigen Kunstwerke zunächst bewundert und ihre Einbildungskraft an ihnen geweidet hatten, brachen sie sie heraus und zertrümmerten sie, um sie gleich den anderen Steinen zu verwenden.
>
> Hinter der Kammer fanden sie später eine niedrige Türöffnung, die in einen anderen, vorzimmerähnlichen Raum führte. Dort befand sich ein äußerst prächtiges Grab mit einer Urne und einem Giebeldach von

wunderbar schimmerndem weißen Marmor. Da bereits das Signal zum Rückzug gegeben worden war, hatten sie keine Zeit mehr, das Grab zu öffnen. Als sie tags darauf zurückkehrten, entdeckten sie, daß das Grab aufgebrochen und der ganze Boden mit Resten goldenen Tuches und Flitters übersät war. Dies veranlaßte sie zu der Vermutung, daß die Seeräuber, die die Küste unsicher machten, von der Entdeckung Wind bekommen, den Ort über Nacht heimgesucht und den Grabdeckel entfernt hatten. Man nimmt an, daß sie in dem Grab reiche Schätze fanden.

So unwahrscheinlich sich diese Geschichte auch anhören mag, sie ist zumindest in Teilen von Funden bestätigt worden, die Jeppesen im Verlauf seiner jüngsten Ausgrabungsarbeiten machen konnte. In der Nähe der Grabkammer wurden nicht nur Bruchstücke des Giebeldachs entdeckt, die auf einen Sarkophag aus weißem Alabaster schließen lassen, sondern auch, wie von Guichard beschrieben, zahlreiche kleine Goldpailletten, die höchstwahrscheinlich zum Leichentuch gehörten. Demnach hat es den Anschein, daß die Grabkammer des Mausolos in vielem jenem unversehrten Grab geähnelt haben muß, das vor einigen Jahren in Vergina (Makedonien) entdeckt wurde und in dem man die Überreste Philipps II. von Makedonien (gest. 336 v. Chr.) vermutet. Der Leichenbrand des Mausolos wurde vermutlich in ein goldbesticktes Tuch gehüllt und in einen goldenen Kasten (*larnax*) gelegt, der seinerseits in den alabasternen Sarkophag eingelassen wurde.

Ob es oberhalb der Grabkammer wirklich einen so kunstvoll ausgestalteten Raum gab, wie Guichard ihn beschreibt, ist dagegen sehr viel ungewisser. Von seiner reichen Dekoration haben sich keinerlei Spuren sichern lassen, und es könnte durchaus sein, daß Guichard in seiner Schilderung Architekturdetails und Skulpturenschmuck von ihrem eigentlichen Standplatz, dem Äußeren des Grabmals, irrtümlich ins Innere der Kammer verlegte.

Obwohl die Hospitaliter im Mausoleum ungeheuren Schaden anrichteten, zerstörten sie doch nicht alle mit Reliefs geschmückten Steine, die sie fanden. Zwischen 1505 und 1507 fiel einem ihrer Befehlshaber ein rundes Dutzend Friesplatten ins Auge, auf dem Kampfszenen zwischen Griechen und Amazonen dargestellt waren; diese wurden herausgelöst, um die Kastellmauern damit auszuschmücken, und sind so auf uns gekommen. Unter ihnen befand sich auch ein Einzelblock von einem zweiten Relieffries, der den Kampf zwischen Lapithen und Kentauren darstellt. Ebenfalls um diese Zeit ins Kastell eingebaut wurden die Vorderhälften von vier stehenden Löwen und einem fliehenden Leoparden aus einer Jagdgruppe. Diese Bildwerke wurden später in das Britische Museum überführt, die Friese im Jahre 1846, die Löwen und der Leopard im Jahre 1857.

Auch heute noch geben die Kastellmauern Schätze preis. Ein jüngst entdeckter vollständiger Architravblock, der als Türsturz Verwendung gefunden hatte, belegt den Achsabstand zwischen den Säulen, während ein 1975 aufgefundener, aber noch nicht publizierter Eckstein des Amazonenfrieses bezeugt, daß dieser auf allen vier Seiten um das Monument herumlief.

Im Grunde genommen waren es die im Gemäuer des St.-Peters-Kastells verbauten Reliefskulpturen und Löwen, die Charles T. Newton etwa 350 Jahre nach der Zerstörung des Mausoleums durch die Kreuzritter dazu veranlaßten, Grabungen durchzuführen. Reisende, die Bodrum im späten 18. und 19. Jahrhundert besuchten, bemerkten die Plastiken und mutmaßten, daß sie dem Mausoleum entstammen mußten. 1846 gelang es dem britischen Botschafter in Istanbul, Lord Stratford de Redcliffe, die Genehmigung zum Ausbau der inzwischen berühmt gewordenen Reliefplatten des Amazonenfrieses und zu ihrem Abtransport nach London zu erwirken. Zehn Jahre später begab sich Newton, damals zweiter Kurator am Britischen Museum, in der Hoffnung, weitere Schätze dieser Art zu entdecken, auf die Suche nach dem Standort des Mausoleums, das er auszugraben gedachte.

Mit Hilfe der Beschreibung von Halikarnassos durch Vitruv gelang Newtons Forscherteam nach mehreren vergeblichen Anläufen die Identifizierung der Stelle des Mausoleums. Nicht

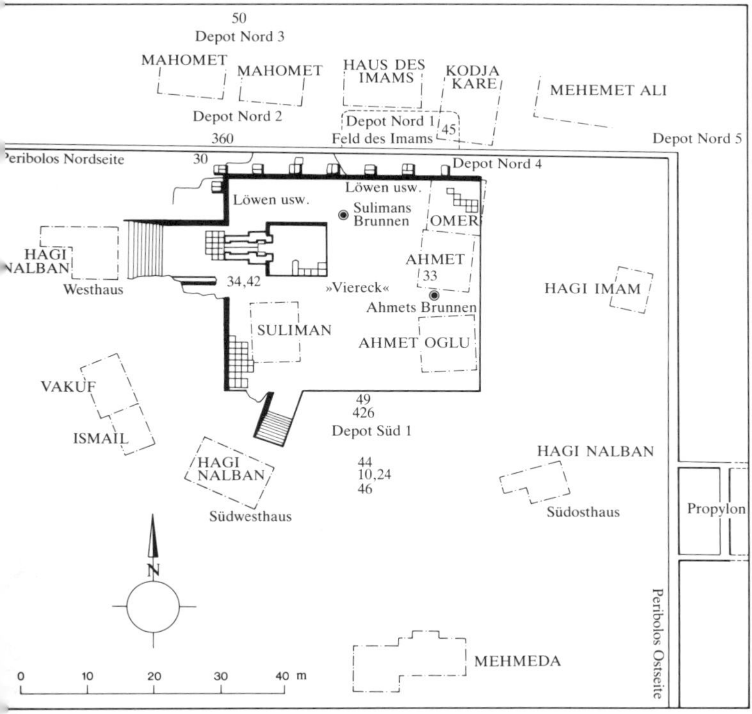

Abb. 51. Gesamtplan vom Standort des Mausoleums, in dem die Funde von den Ausgrabungen Newtons und Jeppesens eingetragen sind.

ohne Schwierigkeiten kaufte er die türkischen Landhäuser auf, die zu dieser Zeit auf dem Gelände standen, und begann am Neujahrstag des Jahres 1857 mit den Grabungsarbeiten. Als er das Ausmaß der von den Johannitern angerichteten Verheerungen gewahrte und erkennen mußte, daß das Mausoleum fast gänzlich ausgeraubt worden war, schlug seine anfängliche Begeisterung alsbald in Enttäuschung um. Die einzigen Überbleibsel waren der Umriß des in den weichen Felsen geschlagenen rechteckigen Areals für die Fundamentierung und einige wenige grüne Steinquader des Gebäudekerns, die sich noch an ihrem ursprünglichen Ort befanden. Er nannte das gesamte Areal das »Viereck« (Abb. 51) und hielt in seiner späteren Veröffentlichung niedergeschlagen fest:

> Das gesamte Viereck war mit Architektur- und Skulpturbruchstücken angefüllt. Diese waren so zahlreich, daß es unmöglich gewesen wäre, ihre genaue Lage auf dem Plan zu bestimmen. Abgesehen davon, wären derlei Angaben in Hinsicht der meisten marmornen Werkstücke völlig wertlos gewesen, da die Grabverwüster sie bei der Abtragung einer Mauerschicht nach der anderen augenscheinlich beiseite gerollt und geworfen hatten.

Bei einem der größeren Fragmente, die Newton in dem Areal der Fundamentierung wiederauffand, handelt es sich um die Statue eines galoppierenden Pferdes, das von einem Mann in persischer

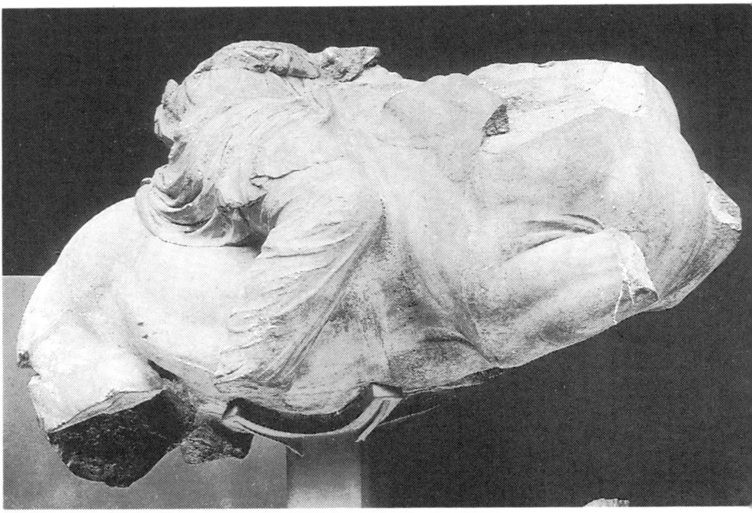

Abb. 52. Bruchstück einer Pferdeskulptur mit persischem Reiter vom »Viereck« des Mausoleums. (London, Britisches Museum.)

Tracht geritten wird; die Gruppenskulptur hatte Kolossalgröße, d. h., sie hatte etwa einzweidrittelmal Lebensgröße (Abb. 52). Die Plastik, die zu einer ausgedehnten Jagd- oder Kampfszene gehört haben könnte, ist ein meisterhafter Wurf und überaus realistisch ausgeführt. Die das rechte Bein bedeckende orientalische Hose und der untere Teil des Chitons scheinen sich im Winde zu bauschen, so schnell rast der Reiter dahin. Leider verfehlt die Skulptur aufgrund ihrer mutwilligen Beschädigung die vom Bildhauer ursprünglich gewünschte Wirkung, sind doch die Gliedmaßen von Reiter und Pferd mit einem Vorschlaghammer weggeschlagen worden, zweifelsohne um Rohmaterial für die Kalkbrennöfen zu beschaffen.

In einem anderen Teil des »Vierecks« stieß Newton auf eine Serie von vier an den Amazonenfries anschließenden Platten, die als Überwölbung für einen späteren Abzugskanal benutzt wurden (Abb. 53). Diese weisen ähnliche Schlachtenszenen auf wie die Reliefplatten, die den Kastellmauern abgewonnen werden konnten; jedoch sind die Details der erhaltenen Figuren nicht ganz so verwittert, und die künstlerische Gesamtkomposition mit ihren unterschiedlichen Formen und wirkungsvollen schrägen Körperhaltungen läßt sich besser abschätzen.

Nachdem Newton drei Monate damit zugebracht hatte, aus den Ruinen der Grundmauern sorgfältig Hunderte von zertrümmerten Fragmenten herauszulösen, wandte er seine Aufmerksamkeit dem Terrain nördlich des Gebäudes zu, wo er das Glück hatte, sofort fündig zu werden. In der Nähe der Nordwestecke des Baus stieß er auf ein gut erhaltenes ionisches Kapitell mit dem Oberteil einer Säulentrommel (Abb. 54). Es handelt sich um ein Eckkapitell, das ganz gewiß aus dem Zusammentreffen der Nord- mit der Westkolonnade des Mausoleums stammt – ein erster Anhaltspunkt dafür, daß wir es im Mausoleum in der Tat mit einer ionischen Säulenordnung zu tun haben. Doch erst die aufsehenerregenden Funde in der östlichen Hälfte der Nordseite, auf einem Feld, das zum Haus des Imams der Gemeinde gehörte, sorgten dafür, daß sich die Newtonschen Ausgrabun-

Abb. 53. Die Schlacht zwischen den Griechen und den Amazonen. Drei anschließende Friesplatten vom »Viereck« des Mausoleums. Eine Serie von zwölf Figuren hat sich erhalten. (London, Britisches Museum.)

gen beinahe über Nacht aus einem relativen Fehlschlag in einen sensationellen Erfolg verwandelten (Abb. 51).

An der Nordseite nämlich verlief die alte Einfriedungsmauer (*peribolos*), die das Mausoleum umgab, in unmittelbarer Nähe des Bauwerks, nur 3,35 m von seiner Nordfassade entfernt. Da sich der Hügel der Akropolis außerdem genau an dieser Stelle erhebt, war hier eine tiefere Erdschicht vorhanden. Diese beiden glücklichen Fügungen bedeuteten, daß die Skulpturen und Steine, die nördlich der Umfassungsmauer herabgestürzt waren, rasch mit Erde bedeckt wurden und so dem Wüten der Johanniter entgingen. Diese zerstörten ja das Gebäude, indem sie sich, wie bereits erwähnt, von oben nach unten vorarbeiteten.

So kam es, daß Newton in einem etwa 20 × 6,5 m messenden Abschnitt des Feldes auf die einzige größere unberührte Ablagerung mit Skulpturen und Architektursteinen des Mausoleums stieß. Ein Stich, der auf einer zum Zeitpunkt der Räumungs-

arbeiten aufgenommenen Photographie basiert (Abb. 55), zeigt den bärtigen Forscher, wie er über der nördlichen Umfassungsmauer lehnt, offensichtlich voller Genugtuung darüber, daß ihm am Ende doch noch eine wesentliche Entdeckung vergönnt war. Zu den auf dem Bild zu erkennenden Architektursteinen gehören Blöcke aus den oberen Schichten der Einfriedungsmauer, Stufen der Dachpyramide sowie Bruchstücke der einst von den Säulen getragenen Hauptbalken (Architrave). Noch bedeutender waren die Skulpturenfunde. Fast alle großen Skulpturen, die heute im Britischen Museum zu sehen sind, entstammen diesem verhältnismäßig kleinen Areal. Hierzu zählen eine herrliche Vorderhand und Hinterhände von Pferden der Quadriga auf der Spitze des Bauwerks (Abb. 56 und 57), die kolossalen Porträtbildwerke eines Mannes und einer Frau, die eindeutig Mitglieder des Herrscherhauses von Halikarnassos vorstellen und von Newton verständlicherweise für Mausolos und Artemisia gehal-

Abb. 54. Ionisches Eckkapitell und obere Säulentrommel, vermutlich aus der Nordwestecke des Mausoleums. (London, Britisches Museum.)

ten wurden, auch wenn es hierfür keine Beweise gibt (Abb. 58); etliche Löwenfiguren von der Art der in die Kastellmauer eingelassenen Tiere, aber besser erhalten (Abb. 59); und das fein gearbeitete Haupt Apollons, der einzigen Gottheit, von der wir wissen, daß ihr unter den freistehenden Skulpturen des Mausoleums ein Repräsentationsbild gewidmet war. Insgesamt wurden allein in dieser Stätte 66 Statuen oder Statuenfragmente aufgefunden. Letztere gehörten zu mindestens zwanzig verschiedenen überlebensgroßen Statuen unterschiedlicher Thematik und Größenordnung – eine reiche Ausbeute, die eine überaus klare Vorstellung davon vermittelt, wie verschwenderisch der Skulpturenschmuck des Mausoleums gewesen sein muß.

Aufgrund ihrer Nähe zur Umfassungsmauer gewinnt die Ablagerung für eine Rekonstruktion des Gebäudes aber weitere Bedeutung. Mit einigem Recht läßt sich vermuten, daß die dort gefundenen Skulpturen in einer solchen Höhe angebracht gewesen sein müssen, daß sie beim Einsturz des Baus über die Mauer geschleudert werden konnten. Je höher eine Skulptur plaziert war, desto größer die Chance, daß sie jenseits der Mauer landete. Diese Deutung wird von den Materialien der Fundstätte gestützt. Die Skulpturen, von denen wir *wissen*, daß sie am höchsten standen, sind am besten vertreten: die Streitwagenpferde und die Löwen (von denen drei Statuen und neunzehn Fragmente existieren). Mit den Kolossalfiguren des »Mausolos« und der »Artemisia« sowie verschiedenen Bruchstücken ähnlicher Figuren ist das größte der drei möglichen Formate menschlicher Rundskulpturen vertreten. Vom »heroischen« Zwischen-

Abb. 55. Blick auf das Depositorium von Architektursteinen und -skulpturen vom Feld des Imams auf der Nordseite des Mausoleums. (Nach einem Kupferstich in Newtons *History of Discoveries*, Tafel XI).

Abb. 56. Vorderhand eines Streitwagenpferdes mit Originalzaumzeug aus Bronze. Teil der Skulpturengruppe auf der Spitze des Mausoleums. (London, Britisches Museum.)

format hingegen haben sich nur Bruchstücke von Köpfen und Rümpfen, aber keine Füße auffinden lassen, und von Standbildern in Lebensgröße, auf deren Existenz an anderer Stelle des Areals entdeckte Fragmente verweisen, ist kein gesichertes Exemplar überliefert. Aus diesem Grund habe ich die Ansicht geäußert, daß die lebensgroßen Skulpturen des Mausoleums am niedrigsten plaziert gewesen sein müssen, und zwar so niedrig, daß keine davon beim Fall jenseits der Umfassungsmauer landen konnte – eine Mauer, die zur Zeit der Newtonschen Ausgrabun-

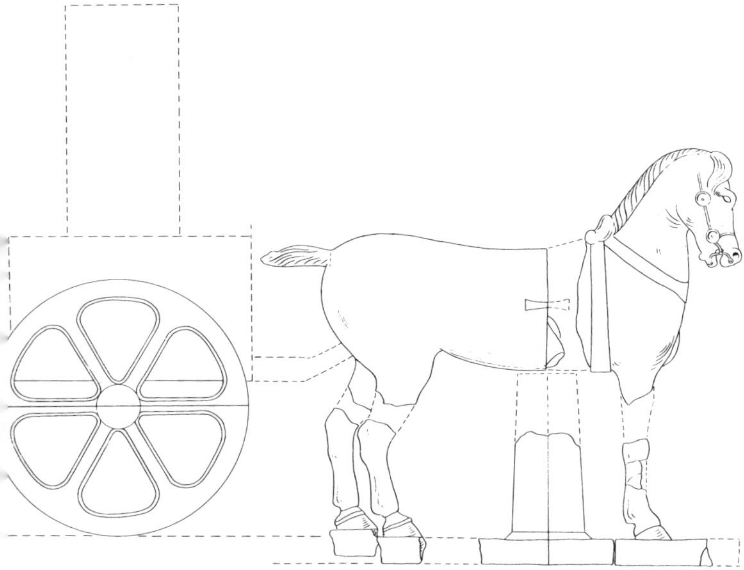

Abb. 57. Seitenansicht der Quadriga (Rekonstruktion). Die durchgehenden Linien umreißen die erhalten gebliebenen Bruchstücke.

gen immerhin noch zwei Meter hoch war. Die Aufstellung der anderen Skulpturen war vermutlich im Einklang mit ihrer jeweiligen Größe nach oben hin abgestuft und gipfelte in der Wagengruppe auf der höchsten Höhe des Mausoleums, die doppelter Lebensgröße entsprach. Obwohl die Fundstätte auf dem Feld des Imams lediglich Skulpturen von weniger als der Hälfte einer Gebäudefassade barg, ermöglicht sie doch die für die Rekonstruktion des Skulpturenschmucks wichtige Überprüfung der Höhenverhältnisse.

Newton ließ darüber hinaus so viele Architekturreste wie möglich nach England schaffen. Heute liegen diese aufgereiht in einem Lagerraum des Britischen Museums in London. Da sie entscheidende Beweiskraft für die Rekonstruktion des Bauwerks besitzen, werden sie nach wie vor gründlichen Untersuchungen unterzogen und harren noch ihrer endgültigen Publikation. Unter ihnen befinden sich zahlreiche Stufen der Dachpyramide, darunter eine fast vollständige Eckstufe, die beweist, daß die Auftrittsgröße an der Längsseite anders war als an der Schmalseite des Gebäudes. Der 54 cm breite Auftritt gehörte vermutlich

Abb. 58. Kolossalstatuen eines karischen Herrscherpaars, oft als Mausolos und Artemisia identifiziert. Aus dem Depositorium im Feld des Imams auf der Nordseite des Mausoleums. (London, Britisches Museum.)

Abb. 59. Die besterhaltene Löwenskulptur aus dem Depositorium im Feld des Imams. (London, Britisches Museum.)

zur Schmalseite (Westen und Osten), während der schmalere Auftritt von 43 cm der längeren Nord- und Südseite angehört haben könnte.

Mit Hilfe dieser Maße, kombiniert mit Plinius' Zahlenangaben (24 Pyramidenstufen und 36 Säulen), konnten Newton und sein Architekt Pullan eine plausible Rekonstruktion der Bedachung und des Säulensaals des Mausoleums vorlegen. Allerdings gelang es ihnen nicht, die vielen unterschiedlichen Skulpturengruppen und -formate, ob Rundplastiken oder Reliefs, in dem Gebäude befriedigend unterzubringen. Eine ihrer Hauptschwierigkeiten bestand darin, daß sie über keinen exakten und detaillierten Auf-

riß der Felseinbettung verfügten und die Dimensionen der Sockelbildung ihnen daher verborgen bleiben mußten. Newtons Mitarbeiter, Angehörige des Königlich Britischen Pionierkorps, neigten dazu, die Grabungsmethoden viktorianischer Eisenbahnarbeiter – »ausheben und zuschütten« – anzuwenden, so daß das Gelände des »Vierecks« zu keinem Zeitpunkt vollständig freigelegt war. In jedem Fall war, als Pullan an der Grabungsstätte eintraf, der größte Teil der Arbeiten abgeschlossen und das Gelände bereits wieder zugeschüttet. Dieser schwerwiegende Mangel konnte erst behoben werden, als Kristian Jeppesen zwischen 1966 und 1977 neuerliche Ausgrabungen vornahm.
Bildete die Entdeckung der Skulpturenablagerung auf dem Grundstück des Imams den krönenden Abschluß der Newtonschen Grabung, so bestand Jeppesens herausragende Leistung in der Säuberung und genauen Vermessung der Fundamentgrube und der Bergung architektonischer und bildhauerischer Bruchstücke. Der Gesamtplan der Stätte (Abb. 51) zeigt die Hauptmerkmale innerhalb der Felseinbettung sowie die Beziehung zwischen der Bettung selbst und der nördlichen und östlichen Umfassungsmauer und dem Torbau (*propylon*), von dem in der Mitte der östlichen Mauer einige Überreste zutage gefördert wurden. Die gestrichelten Linien beziehen sich auf die Häuser, die vor der Erforschung des Bodens durch Newton hier standen und von ihm aufgekauft und abgerissen wurden. Ein riesiger, kegelförmiger Schutthaufen, den Newton nach seiner Abreise auf dem Terrain des »Vierecks« zurückließ, verhinderte den Wiederaufbau der Häuser; allerdings wurde über der Fundstätte auf dem Feld des Imams ein neues Wohnhaus errichtet.
Wie man sieht, nahm die Grabkammer im Grundriß des Baukörpers nicht etwa das Zentrum, sondern vielmehr den nordwestlichen Quadranten ein. Möglicherweise legte man sie deswegen so an, um etwaige Grabräuber in die Irre zu führen; einleuchtender freilich ist die Ansicht, sie mit einer früheren Grablege in Verbindung zu bringen, möglicherweise mit der Artemisias I. von Halikarnassos, die in der Seeschlacht bei Salamis im Jahre 480 v. Chr.

an der Seite des persischen Königs Xerxes gegen die Griechen kämpfte. Auf diese Weise hätte Mausolos eine dynastische Verbindung hergestellt, die eine wahrscheinlich nur entfernte Blutsverwandtschaft bei weitem übertroffen hätte. Wie die von den Grundmauern des Mausoleums durchtrennte Treppe in der Nähe der Südwestecke bezeugt, bestanden an dieser Stelle mit Sicherheit auch schon vor dem Bau des Mausoleums bedeutende Grabanlagen.

Die an der Westseite des »Vierecks« in den Felsen gehauene breite Treppenanlage führte zum Eingang der Grabkammer und war offensichtlich eigens für die Bestattung des Mausolos angefertigt worden. Der schwere grüne Verschlußstein hat sich erhalten (Abb. 50). Als Newton den Spaten führte, befand sich der Quader noch in seiner ursprünglichen Position. Aber als seine Arbeiter ihn umstürzten, entdeckten sie an der Unterseite ein ausgeklügeltes System von Kerben und Zapfen, die den Stein, als er vor den Eingang geschoben wurde, im Boden verankern sollten. Ritzspuren auf Vorderseite und Oberteil des Steins deuten darauf hin, daß spätere Grabräuber vergebens versuchten, sich gewaltsam Zugang zum Grab zu verschaffen. Am Fuß der Treppe vor dem Verschlußstein war ein großer Steinhaufen aufgeschüttet, den Newton für Mauertrümmer hielt. Als Jeppesen ihn entfernte, stellte sich jedoch heraus, daß es sich nicht etwa um eine Mauer handelte, sondern um eine Steinpackung über einem rituellen Speisedepot, das vermutlich unmittelbar nach der Beisetzung der sterblichen Hülle des Fürsten niedergelegt worden war. Das Tieropfer setzte sich aus etlichen Schafsrümpfen, sorgfältig zerlegtem Schaf- oder Ziegenfleisch, Kalbs- und Ochsenfleich, einigen Hühnern und Tauben, einer Gans sowie einer beträchtlichen Anzahl Eiern zusammen. Derartige Tieropfer für den Geist des Verstorbenen entsprechen weniger griechischen als vielmehr nahöstlichen Bestattungspraktiken.

Zu den wichtigsten architektonischen Besonderheiten der Fundamente gehören die grünen Blöcke vulkanischen Ursprungs, wie sie sich auch an der Südwest- und Nordostecke des Kastells finden. Sie beweisen nämlich, daß die Grundmauern des Podiums fast die gesamte Felsspur in Anspruch nahmen, und legen die größtmöglichen Ausmaße des Unterbaus fest: 38 m an der Langseite und 32 m an der Schmalseite. Nimmt man das hier verwendete griechische Fußmaß mit 32 cm an, was durchaus möglich ist, so stimmen diese Abmessungen so ziemlich mit der Überlieferung eines Gesamtumfangs von 440 Fuß durch Plinius überein. Auf dieser Basis ergäben Ausmaße von 38,4 m und 32 m eine Seitenlänge von 120 bzw. 100 Fuß.

Beweiskraft für eine Rekonstruktion des Bauwerks besitzen auch die von Jeppesen innerhalb der Fundamentgrube ans Licht gebrachten Architekturreste. Verschiedene Fragmente von breiten Pyramidenstufen mit Kerben für Standbilder belegen, daß die Löwenskulpturen auf der Dachbasis standen. Bruchstücke von in blauem Kalkstein gehaltenen Standbildsockeln mit gekehlten Vorderkanten und Kerben gehörten offenkundig zum Podium und beweisen, daß vor der Wandung des Podiums auf vermutlich mehreren Mauervorsprüngen freistehende Plastiken aufgestellt waren. Etwa zwanzig Fußplatten dieser Art haben sich erhalten, meist von lebensgroßen Skulpturen in Bewegung. Ein Steinfund ist besonders bedeutsam, da er die volle Ausladung dieser Vorsprünge beweist. Diese betrug nur 72 cm. Demnach waren die Vorsprünge so schmal, daß die auf ihnen angebrachten Statuen wie Giebelfiguren dicht vor der Wandung aufgestellt waren. Blendsteine aus blauem Kalkstein lassen des weiteren darauf schließen, daß einige Teile des Podiums im Gegensatz zu dem weißen Marmor der übrigen Architektur und den mehrfarbigen Standbildern in dunklerem Stein gearbeitet waren.

Im Verlaufe seiner Ausgrabungen gelangen Jeppesen zwei weitere entscheidende Entdeckungen. Eine davon ist die bereits erwähnte Berechnung des Achsabstandes zwischen den Säulen der Anordnung, die auf den vollständig erhaltenen, fast genau 3 m langen Hauptbalken zurückgeht, der im Kastell gefunden wurde. Wenn wir mit Plinius annehmen, daß es 36 Säulen gab,

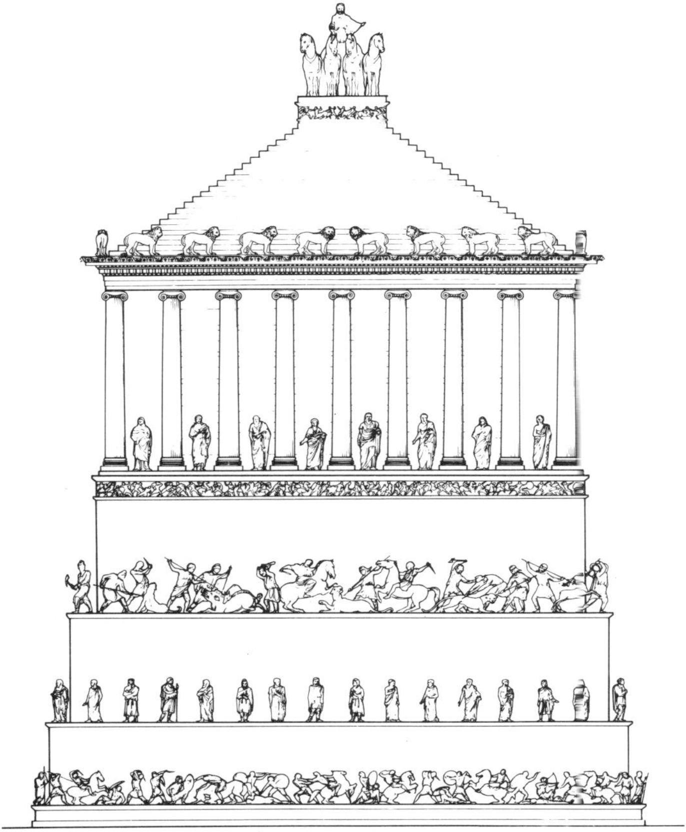

Abb. 60. Rekonstruktionsvorschlag für eine der beiden Schmalseiten des Mausoleums. (Nach G. B. Waywell.)

die in je zwei Elfer- bzw. Neunerreihen organisiert waren, hätten wir als größtmögliche Ausdehnung des oberen Podiums 32 m auf der Längsseite und 26 m auf der Schmalseite festgestellt. Damit wäre ein Hinweis auf eine gestaffelte Verjüngung des Podiums von etwa 3 m zu beiden Seiten gewonnen. Die Annahme eines Podiums mit Treppen stimmt auch mit

Guichards Bemerkung überein, wonach »das Bauwerk, je tiefer sie [die Ritter] gruben, sich nach unten hin verbreiterte«. Die andere Entdeckung betrifft eine Folge von Steinen, die den Übergang des Podiums zum Säulenumgang (Peristyl) bewirkte, und den praktischen Beweis, daß der Amazonenfries am oberen Teil des Podiums unmittelbar unterhalb der Ringhalle angebracht war. Falls dies zutrifft, so hätte der Bildfries ursprünglich eine Länge von etwa 116 m gehabt, wovon ungefähr ein Viertel gut erhalten ist.

Die vorläufige Rekonstruktion einer der beiden Schmalseiten des Mausoleums, die auf einer vor zehn Jahren veröffentlichten Studie basiert, veranschaulicht die mögliche Anbringung der vielfältigen Plastiken an dem Gebäude (Abb. 60). Das bereits erörterte, aus den unterschiedlichen Quellen gewonnene Beweismaterial ist hier verwertet. Die Anzahl der Pyramidenstufen und der Säulen ist Plinius entnommen, ebenso die Gesamthöhe von 140 Fuß (44,8 m bei Annahme eines Fußmaßes von 32 cm). Dabei werden 60 Fuß für das Podium, 37½ Fuß für die Kolonnade, 22½ Fuß für die Pyramide und 20 Fuß für die Streitwagengruppe samt Sockel veranschlagt. Die uns bekannten Abmessungen, die zu diesem Aufbauschema passen, betreffen Höhe und Auftritt der Pyramidenstufen (Höhe: 30 cm, Auftritt der niedrigsten Stufe: 60 cm, ansonsten 43 cm für die Langseiten und 54 cm für die Schmalseiten), Achsabstand der Säulen (3 m), Breite des Unterbaus (32 m), Ausladung der niedrigsten Podiumsstufe (72 cm) sowie die Größe der Rundplastiken und Friesstreifen. Zu den Skulpturen, deren Position feststeht, zählen die Quadriga auf der Spitze des Mausoleums, die Löwen auf der Dachbasis, der Amazonenfries am Oberteil sowie die lebensgroßen Kämpferfiguren am Unterteil des Podiums.

Wir wissen mit Sicherheit, daß es am Hauptgesims der ionischen Ordnung keinen Fries gab. Damit lassen sich die beiden bisher noch nicht plazierten Friese, die auf uns gekommen sind, mit einiger Wahrscheinlichkeit wie folgt unterbringen: Der Kampf zwischen Lapithen und Kentauren wäre dem Postament des

Viergespanns zuzuordnen, während das Wagenrennen in den oberen Teil der Mauer hinter der Kolonnade eingefügt gewesen sein könnte. Auf diese Weise wäre jeder der drei architektonischen Hauptbestandteile des Mausoleums oben von einem Bildfries verziert gewesen.

Von den bisher noch nicht zugeschriebenen Rundskulpturen sind jedoch die kolossalen Porträtstatuen die wichtigsten. Aus einer umfassenden Serie, die offenbar das Herrscherhaus Kariens samt seiner Vorfahren darstellte, sind die Standbilder des »Mausolos« und der »Artemisia« am besten erhalten. Der angemessenste Standort für sie dürfte der Vorzugsplatz zwischen den Säulen des Peristyls sein. Es sei freilich betont, daß es für einen solchen Standort keinen Beweis gibt; selbst wenn unsere Vermutung zutrifft, wissen wir nicht, ob sie möglicherweise auf Sockeln aufruhten.

Die anderen freistehenden Plastiken gehören in der Hauptsache zu Gruppen von Dreiviertelfiguren, die offenbar in der Art von Giebelfiguren auf schmalen Mauervorsprüngen vor der Podiumswandung aufgestellt waren. Die Zahl der Stufen und ihre jeweilige Höhe über dem Erdboden ist nicht sicher, so daß dieser Aspekt unserer Rekonstruktion höchst schematisch bleiben muß. Da die Skulpturen drei unterschiedliche Formate aufweisen – sie reichen von Lebensgröße bis zu einzweidrittelfacher Lebensgröße –, haben wir die Ansicht vertreten, daß es zu ihrer Unterbringung drei verschiedene Vorsprünge gegeben haben muß, für die in der Stufung des Podiums zwischen Kopfende und Basis ausreichend Platz bestanden hätte. Indes geht Jeppesen zur Zeit von zwei statt von drei Podiumsstufen aus, deren Abstand er geringer veranschlagt, als dies in der oben vorgestellten Rekonstruktion geschieht. Zu den dargestellten Sujets gehören Jagd- und Opferszenen in Kolossalgröße sowie eine lebensgroße Schlachtenszene zwischen griechischen und persischen Kriegern, einige davon zu Pferde. Daneben gibt es zahlreiche unbewegte Figuren, vermutlich Porträts bestimmter Männer und Frauen, in »heroischer« Zwischengröße, die in unserem Rekonstruktionsversuch auf einer Zwischenebene zwischen den beiden Bewegungsgruppen postiert sind. Die Skulpturen des Podiums trugen beim Zerstörungswerk der Kreuzfahrer den größten Schaden davon und sind lediglich in kleinen, wenn auch sehr zahlreichen Bruchstücken auf uns gekommen. In der Rekonstruktion wird die Höhe der jeweiligen Podiumsstufen im Verhältnis 3 : 4 : 5 angenommen, um den Größenverhältnissen der zu ihnen in Beziehung gesetzten Skulpturen gerecht zu werden.

Neben den Problemen des Podiumsaufbaus bleiben uns aber noch viele andere Schwierigkeiten. Wer lenkte den auf der Spitze des Gebäudes errichteten Streitwagen, und was für eine Bewandtnis hatte es mit ihm? Die gedrungenen Maße der Pferde und des großrädrigen Wagens deuten auf die förmliche Verherrlichung eines Satrapen hin. Der Wagen muß einen Lenker gehabt haben, der zweifellos in irgendeiner Form König Mausolos vorstellen sollte. Wurde dieser als Mensch oder als Gott präsentiert, oder blieb dies absichtlich unklar? Dafür, daß Mausolos sich für einen Gott hielt, haben wir keinen historischen Beleg, doch der griechischen Mentalität entsprechend dürfte die erhöhte Stellung des Viergespanns eine Apotheose impliziert haben.

Waren die Löwen auf dem Dach paarweise oder in je zwei Reihen einander gegenüber aufgestellt? Wenngleich es für keine der beiden Annahmen zwingende Beweise gibt, wird letztere im allgemeinen vorgezogen, halten doch einige der Löwen den Kopf stärker gedreht. Es könnte sich bei ihnen demnach um die jeweiligen Leittiere der beiden Reihen handeln. Die ganz ähnlich plazierten Greife auf dem späteren Heroon von Belevi bei Ephesos waren eindeutig zu Paaren geordnet, wenn auch mit je einer Vase zwischen sich, wofür es im Falle des Mausoleums keinen Anhaltspunkt gibt.

Wie war es ferner um die Gestaltung des Gebäudeinnern bestellt? Wieder verfügen wir kaum über Belege, doch danach zu schließen, wieviel grüne Steine vulkanischen Ursprungs aus dem Gebäudekern im Kastell verbaut wurden, muß ein Großteil der

Räume massiv gebaut gewesen sein. Jeppesen vermutet, daß es wie bei einigen ägyptischen Pyramiden zwei Innenräume mit Kragsteindach gab, einen über der Grabkammer und einen zweiten, der sich anstelle der herkömmlichen griechischen Cella hinter der Kolonnade befand. Besaß das Gebäude einen Eingang? Es wäre erstaunlich, wenn es keinen gegeben hätte, und sei es auch nur zum Zweck der Pflege, doch wieder verfügen wir über keine gesicherten Kenntnisse.

Was ist von diesem sonderbaren, aufwendigen Bauwerk zu halten, das keinen erkennbaren Nutzen aufwies? Entsprang es lediglich dem Ehrgeiz und dem Größenwahn des Mausolos (oder der Artemisia), oder verkörperte es eine subtilere Symbolik? Es kann kaum ein Zweifel daran bestehen, daß das Mausoleum in erster Linie den Begründer oder eher Wiederbegründer der Stadt Halikarnassos feiern und ihm, Mausolos, als Grabstätte dienen sollte. Jedenfalls war das Gebäude nicht als Fürstengruft zur Bestattung sämtlicher Mitglieder des karischen Herrscherhauses gedacht; selbst für die Annahme, daß außer Mausolos auch noch andere Tote beigesetzt worden wären, besitzen wir keinerlei Anhaltspunkte. Doch die Ausmaße des Monuments und die Üppigkeit seiner Ausstattung legen tiefere Beweggründe nahe.

Wir können annehmen, daß sich die seltsame architektonische Formensprache des Mausoleums dem Versuch verdankt, Aspekte dreier verschiedener Kulturen miteinander zu verknüpfen: der lykischen, der griechischen und der ägyptischen. Der hochgetürmte, rechtwinklige Sockelbau ist charakteristisch für die lykische Grabarchitektur, für die das teilweise wiederhergestellte Nereïdenmonument aus Xanthos im Britischen Museum ein wohlbekanntes Beispiel ist. Das auf dem Sockel aufruhende Peristyl folgt der ephesischen Spielart des ionischen Baustils: Plinthen und kunstvolle Säulenbasen, die die schlanken kannelierten Säulen tragen, Kapitelle mit zierlichen Voluten und ein relativ niedriges mit Zahnschnitt und Kehlung geschmücktes Gesims. Obgleich einige Forscher sie lediglich als überladenes erweitertes Postament des Viergespanns gelten lassen wollen, hat die kunstvoll abgestufte oder pyramidale Dachbildung vermutlich die ägyptische Bauweise zum Vorbild. Die Ausgestaltung dieses Mischbaus im Stil griechischer Architektur und Bildhauerei von der Hand der hervorragendsten griechischen Künstler seiner Zeit bezeugt Mausolos' Vorliebe für die griechische Kultur, doch das Grabdenkmal in seiner Gesamtheit läßt sich durchaus als Ausdruck karischen Überlegenheitsgefühls über die Kulturen der mitwirkenden Künstler deuten. Möglicherweise sollte das Mausoleum jene Verschmelzung griechischer und nichtgriechischer Kulturen symbolisieren, die sich Mausolos und Artemisia von der Errichtung eines karischen Reiches mit der Hauptstadt Halikarnassos erhofften. Indessen nahm die Geschichte einen anderen Verlauf, und erst eine Generation später sollte der Makedonier Alexander vollbringen, was Mausolos vorgeschwebt haben mag.

Im 2. Jahrhundert n. Chr. bietet uns Lukian eine nüchternere, ja zynischere Deutung an. In seinen *Totengesprächen* läßt er eine Begegnung zwischen Mausolos und dem kynischen Philosophen Diogenes in der Unterwelt stattfinden. Die prophetischen Worte des letzteren mögen als geeignetes Epitaph für das Mausoleum selbst dienen:

> DIOGENES. Höre du, Karier, worauf bildest du dir so viel ein und willst vor uns allen Vorrang haben?
> MAUSOLOS. Fürs erste, Mann aus Sinope, auf mein Königtum [. . .]. Dazu aber war ich schön und von hohem Wuchs und mächtig im Streit. Schließlich, und das ist die Hauptsache: in Halikarnassos habe ich ein riesiges Grabmal auf mir liegen, so groß hat kein anderer Toter eines, und auch kein so schönes, geschmückt mit prächtigen, ganz naturgetreuen Bildern von Menschen und Pferden, alles aus feinstem Marmor [. . .].
> DIOGENES. Aber du, schöner Mausolos, weder von deiner Schönheit noch von deiner Stärke ist auch nur der mindeste Rest noch da. Und wenn wir einen Schiedsrichter nähmen über unsere Wohlgestalt, so wüßt ich nicht zu sagen, um weswillen dein Schädel den Vorzug haben sollte vor dem meinen [. . .]. Was aber dein Grabmal betrifft und die kostbaren Steine, woraus es verfertigt ist, so mögen die Ein-

wohner von Halikarnassos allerdings Ursache haben, sie als Sehenswürdigkeit zu zeigen und gegenüber den Fremden damit zu prahlen, daß sie ein so großes Werk der Baukunst in ihren Mauern besitzen; was aber du, mein Bester, für einen Genuß davon hättest, sehe ich nicht; du müßtest denn nur sagen, daß du doch eine größere Last trägst als wir andern, da du von einem so ungeheuern Steinhaufen gedrückt wirst.

MAUSOLOS. Das alles soll mir also gar nichts nutzen, und Mausolos soll hier nicht mehr und nicht weniger, sondern nur gerade ebensoviel gelten wie Diogenes?

DIOGENES. O nein, nicht ebensoviel, du hochwohlgeborener Fürst; dies ganz und gar nicht. Denn Mausolos wird wimmern und wehklagen, sooft er sich der Dinge auf der oberen Welt erinnert, in denen er glücklich zu sein wähnte. Diogenes hingegen wird ihn auslachen. Jener wird Reden halten von dem Grabmal, das ihm Artemisia, seine Gemahlin und Schwester, zu Halikarnassos hat errichten lassen: Diogenes dagegen weiß nicht einmal, ob sein Leichnam irgendwo ein Grab bekommen hat, und das schiert ihn auch im geringsten nicht. Dafür hat er jedoch den Besten seiner Zeit von sich ein Andenken hinterlassen, er habe das Leben eines wahren Menschen gelebt; und dies Denkmal, o du versklavtester unter all deinen karischen Sklaven, ist höher als das deine, und es ist auf einem festern Grunde gebaut.

(Übers. von O. Seel in Anlehnung an Chr. M. Wieland)

Der Koloß von Rhodos

Von Reynold Higgins

Die Insel Rhodos liegt vor dem Südwestzipfel Kleinasiens am Schnittpunkt zweier antiker Schiffahrtswege, von denen der eine Milet an der ionischen Küste mit den Städten Ägyptens und der Kyrenaika, die andere Griechenland mit den Städten Zyperns und Syriens verband. Diese günstige geographische Lage, im Verein mit einem fruchtbaren Boden und einem ausgezeichneten Klima, verschaffte der Insel ein gewisses Maß an Wohlstand.

Rhodos zerfiel lange Zeit in drei Territorien, die von den Städten Ialysos im Norden, Lindos im Osten und Kamiros im Westen beherrscht wurden. Im Jahre 408 v. Chr. schlossen sich die drei Stadtstaaten aus nicht weiter ersichtlichen, möglicherweise aber handelspolitischen Gründen zusammen und gründeten auf der Nordspitze der Insel eine Bundeshauptstadt, die den Namen Rhodos erhielt. Die ideale Lage der Stadt machte man sich durch den Bau von nicht weniger als fünf Häfen zunutze.

Die neue Stadt vergrößerte sich rasch und zählte alsbald zwischen 60000 und 80000 Einwohner. Sie hatte etwa dieselbe Ausdehnung wie das heutige Rhodos und war nach dem berühmten Plan des Hippodamos von Milet angeordnet, d. h. mit einem rasterförmigen Straßennetz versehen. Da das Rhodos der Antike von der mittelalterlichen und neuzeitlichen Stadt überlagert ist, läßt sich von seinem Aufbau nur noch wenig erkennen (Abb. 61). Mit Hilfe von Ausgrabungen und Luftaufnahmen konnte jedoch ein Großteil der alten Stadtanlage in den vergangenen Jahren wiederentdeckt werden (Abb. 62).

377 v. Chr. schloß sich Rhodos dem zweiten von Athen initiierten Attischen Seebund an (der erste war 477 gegründet worden), zog sich jedoch im Jahre 356 auf Betreiben des Mausolos von

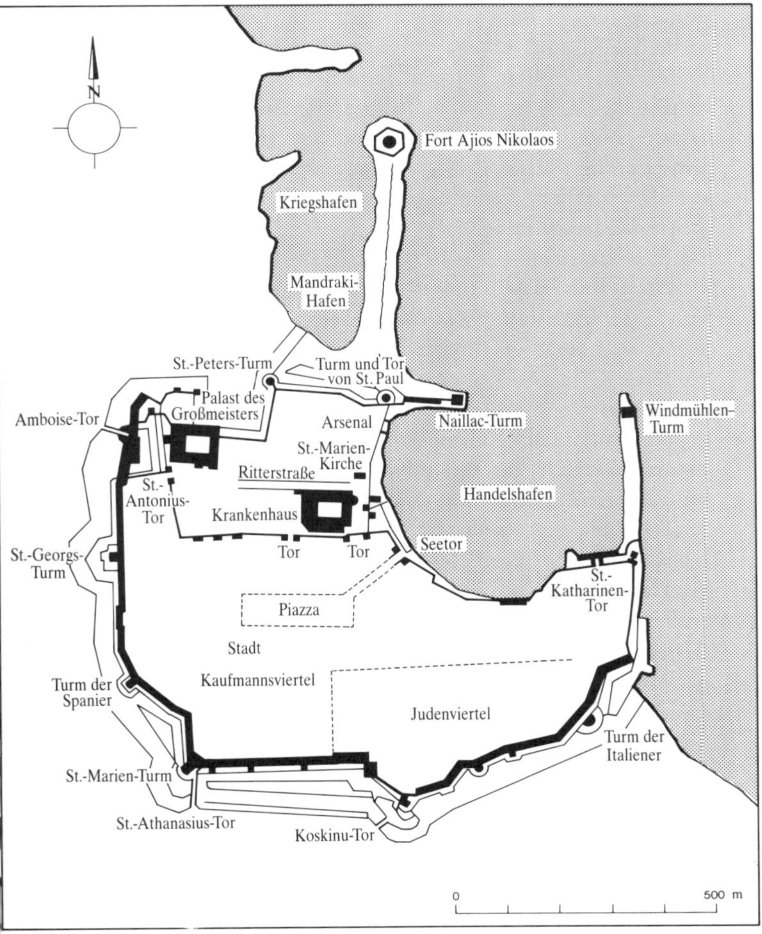

Abb. 61. Stadtplan von Rhodos im Mittelalter. (Nach A. R. Burn.)

Karien, der ihr eine Garnison aufzwang, aus dem Bündnis zurück. Da Rhodos sich bei der Belagerung von Tyros durch Alexander den Großen auf die Seite der Perser geschlagen hatte, mußte die Insel nach dem Fall von Tyros im Jahre 332 v. Chr. eine makedonische Besatzungsmacht hinnehmen. Als es später offenkundig wurde, daß der Mann der Stunde Alexander hieß, ergriffen die Rhodier klugerweise für diesen Partei und entgingen so dem Verderben.

Nach Alexanders Tod im Jahre 323 v. Chr. stritten sich seine Feldherren um die Thronnachfolge und teilten das Reich schließlich unter sich auf. Zwar konnte sich Rhodos zunächst eine – wenn auch stets gefährdete – Unabhängigkeit bewahren, doch sollte sie nicht von Dauer sein. Aus handelspolitischen Gründen hielt es die Insel mit Ptolemaios von Ägypten und stellte sich gegen Antigonos Monophthalmos (›der Einäugige‹), wie Ptolemaios einer von Alexanders Generälen. Antigonos war Statthalter Phrygiens gewesen und sollte sich später zum König von Makedonien aufschwingen und die Dynastie der Antigoniden begründen. Als Oberbefehlshaber des 60000 Mann umfassenden Großen Heeres, in dessen Besitz sich auch Alexanders Schatztruhe mit mehr als 25000 Talenten Gold befand, verfügte er nach Alexanders Tod in Asien über den größten Einfluß. Die Antigoniden machten Ptolemaios I. von Ägypten im Mittelmeerraum ständig zu schaffen; erst hatten sie seinen Bruder Menelaos bei Salamis auf Zypern besiegt, dann, als Ptolemaios im Jahre 306 zu seinem Entsatz herbeieilte, diesen selbst. Erst als Antigonos seinen Widersacher bei Pelusium an der ägyptischen Grenze angriff, konnte er zum Rückzug gezwungen werden.

Im Jahre 307 v. Chr. forderte Antigonos die Rhodier auf, ihn in seinem Krieg gegen Ptolemaios zu unterstützen; aufgrund ihrer guten Handelsbeziehungen mit Ägypten weigerten sich diese jedoch. Ihre Absage hatte die berühmte Blockade des Jahres 305 v. Chr. zur Folge, die Antigonos' Sohn Demetrios Poliorketes (›der Städtebelagerer‹) über Rhodos verhängte, berühmt deswegen, weil die freie Stadt am Ende über die Tyrannei der

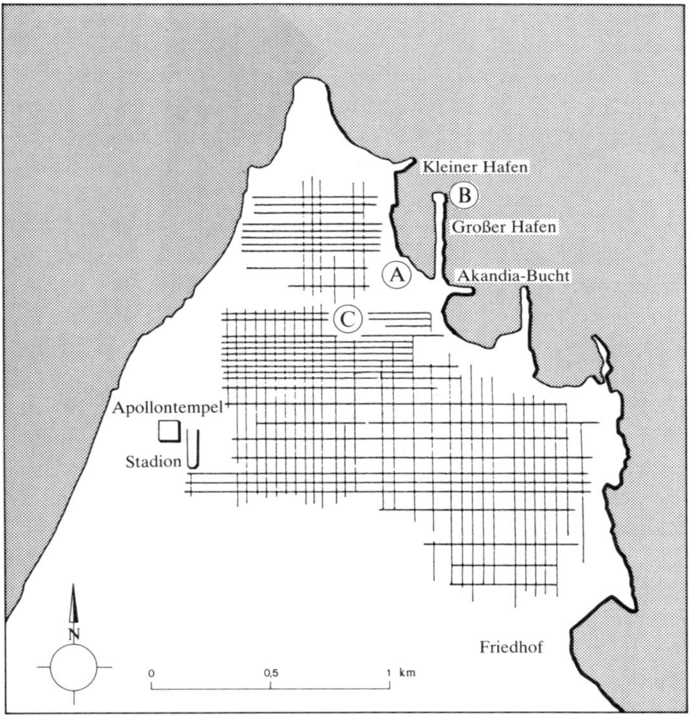

Abb. 62. Plan ausgegrabener Straßen und Stätten in Rhodos. (A) *deigma* (Basar), (B) das spätere Fort Ajios Nikolaos, (C) Heliostempel (?). (Nach C. Karusos.)

Monarchie, ein David über einen Goliath triumphierte. Demetrios traf mit 40000 Soldaten, 30000 Arbeitern, 200 Kriegs- und 170 Frachtschiffen ein. Zu seinen Belagerungsmaschinen zählte auch ein gigantischer, mit Katapulten ausgerüsteter und mit Schleuderern besetzter Wehrturm namens Helepolis (›Städtebezwingerin‹). Diesmal jedoch stieß der Städtebelagerer auf einen ebenbürtigen Gegner. Nach einem Jahr sah er sich, dem

Einsatz neuesten und raffiniertesten Kriegsgeräts zum Trotz, genötigt, die Belagerung aufzuheben. Antigonos befahl seinem Sohn, einen Ausgleich herbeizuführen, wie die Rhodier ihn von Anfang an angestrebt hatten: Diese erklärten sich bereit, gegen alle Feinde des Antigonos mit Ausnahme Ptolemaios' von Ägypten als unabhängige Verbündete mit ins Feld ziehen zu wollen.

Demetrios war von der Tapferkeit der Rhodier so beeindruckt (hatten doch selbst deren Sklaven während der Belagerung die Stadtmauern bemannt), daß er ihnen seine sämtlichen Belagerungsmaschinen hinterließ; die riesigen, von Katapulten geschleuderten Steinkugeln haben sich bis auf den heutigen Tag erhalten. Die Rhodier veräußerten die Kriegsausrüstung für große Summen Geldes, die sie auf die Konstruktion und Errichtung einer gewaltigen Bronzestatue des Sonnengottes Helios, ihres Schutzgottes, verwandten. Mit der Ausführung der Arbeiten beauftragten sie den Bildhauer Chares von Lindos, einen Schüler des berühmten Bronzebildners Lysippos von Sikyon. Zwischen 294 und 282 v. Chr. machten sich Chares und seine Bronzegießer an die Schaffung eines 70 Ellen (etwa 33 m) hohen Standbilds.

Von allen Sieben Weltwundern wissen wir über den Koloß von Rhodos am allerwenigsten. Standort und Aussehen sind gleichermaßen unbekannt. Freilich hat die Forschung es nicht ganz ohne Erfolg vermocht, sämtliche verfügbaren Indizien zusammenzutragen und in beiderlei Hinsicht zu einer Reihe von Schlußfolgerungen zu gelangen.

Zunächst einmal zur Bedeutung des Wortes *kolossos*: Ursprünglich eine vorgriechische, westasiatische Bezeichnung für eine Statue oder Statuette, wurde es in dieser Bedeutung von den dorischen Griechen übernommen, die sich um 1000 v. Chr. im Dodekanes und im Südwesten Kleinasiens niedergelassen hatten. In der nämlichen Bedeutung wurde es zunächst auch auf das Heliosbild des Chares angewandt. Nach Aufrichtung und Aufnahme der Statue in die Liste der Sieben Weltwunder jedoch

wurde die Verwendung des Begriffs immer mehr auf die Vorstellung eines Standbilds von gigantischer Größe eingegrenzt.
Obwohl der Koloß von Rhodos in mindestens sechzehn literarischen Quellen der Antike erwähnt wird, haben uns nur drei Autoren, nämlich Strabon, Plinius der Ältere und Philon von Byzanz, wirklich Wissenswertes mitzuteilen. Indes werfen ihre Schilderungen mehr Fragen auf, als sie zu beantworten wissen. Als weitere Quelle kann ein griechisches Gedicht gelten, das als Weihinschrift der Statue gedient haben soll.
Was die Neuzeit betrifft, so haben sich vom 15. Jahrhundert an zahlreiche Autoren zu dem Kolossalwerk geäußert. In einem 1932 veröffentlichten Artikel sind ihre Ansichten von dem französischen Gelehrten A. Gabriel, der auch einige Erträge seiner eigenen Forschungstätigkeit beisteuerte, aufs bewundernswerteste zusammengefaßt worden. Seit Gabriels Artikel sind nur wenige Arbeiten von Bedeutung zu dem Thema erschienen. In einem 1954 publizierten Zeischriftenbeitrag gab Herbert Maryon, besonders hinsichtlich der technischen Probleme, viele neue Denkanstöße. Diese konnten freilich von Denys Haynes größtenteils rasch widerlegt werden. Immerhin regten sie ihn dazu an, die erste glaubhafte Darstellung der tatsächlichen Konstruktion des Kolosses zu veröffentlichen.
Leider wissen wir über das Aussehen des Standbilds nur allzuwenig, aber es lohnt sich, die von Plinius und Strabon gegebenen Hinweise anzuführen, mögen sie auch unvollständig sein. In seiner *Naturgeschichte* (XXXIV,18) schreibt Plinius:

> Vor allem bewunderungswürdig war jedoch der Sonnen-Koloß auf Rhodos, welchen der Lindier Chares, ein Schüler des oben genannten Lysippos, verfertigt hatte; seine Höhe betrug 70 Cubitus [33 m]. Diese Bildsäule wurde 56 Jahre später durch ein Erdbeben umgestürzt, erregt aber auch liegend noch Bewunderung. Nur wenige umklaftern seinen Daumen, und die Finger sind größer als viele Statuen. An den zerbrochenen Gliedmaßen klaffen geräumige Höhlen, und inwendig sieht man bewundernd schwere Steinmassen, durch deren Gewicht man ihn bei der Aufrichtung festgestellt hatte. Dieser Koloß soll in 12 Jahren für 300 Talente [etwa 4,4 Mio. DM] verfertigt

> sein, und zwar aus dem Kriegsgeräte, welches der König Demetrios, des langen Aufenthaltes überdrüssig, vor dem belagerten Rhodos zurückgelassen hatte.
>
> (Übers. von Chr. F. L. Strack)

Strabons Bericht in seiner *Geographie* (XIX,2,5) lautet folgendermaßen:

> Die Stadt Rhodus liegt auf der östlichen Landspitze und zeichnet sich durch Häfen, Straßen, Mauern und übrige Ausstattung von allen übrigen [Städten] so sehr aus, daß ich keine andere ihr auch nur gleichende, geschweige denn sie übertreffende zu nennen weiß. Bewundernswürdig aber ist die treffliche Verfassung und die Sorgfalt sowohl in bezug auf die übrige Staatswirtschaft als auf das Seewesen, wodurch sie lange Zeit die Herrschaft zur See behauptete, der Seeräuberei steuerte und die Freundin der Römer wie der den Römern und Hellenen befreundeten Könige war. Dadurch blieb sie stets selbständig und wurde mit vielen Weihgeschenken geschmückt, welche größtenteils im Tempel des Dionysus und im Gymnasium, zum Teil aber auch an anderen Orten aufbewahrt werden. Die vortrefflichsten darunter sind zuerst das kolossale Standbild des Sonnengottes, von welchem der Jambendichter sagt: »das Chares einst, / Der Lindier, siebenmal zehn Ellen [32,371 m] hoch gemacht«. Jetzt aber liegt es durch ein Erdbeben umgestürzt und an den Knien abgebrochen da und ist infolge eines Orakelspruchs nicht wiederaufgerichtet worden. Dies also ist das vortrefflichste unter den Weihgeschenken (und wird daher allgemein für eins der sieben Wunderwerke gehalten).
>
> (Übers. von A. Forbiger)

Zwar vermitteln uns diese Beschreibungen nur wenige Informationen über das Äußere des Kolosses, doch wenn wir uns unseres gesunden Menschenverstands bedienen und darüber hinaus abwägen, was die Autoren der Antike erwähnen und was sie auslassen, können wir getrost schlußfolgern, daß die Gottheit in aufrechter Haltung abgebildet wurde und vermutlich unbekleidet war.

Darüber hinaus läßt sich spekulieren, daß eine 33 m hohe Statue, um überhaupt aufrecht stehen zu können, äußerst einfach, nämlich fast säulenartig, gestaltet gewesen sein muß, und zwar in einer Haltung, die einer archaischen griechischen *kuros*-Figur geähnelt haben könnte. Jedenfalls muß Maryons Rekonstruk-

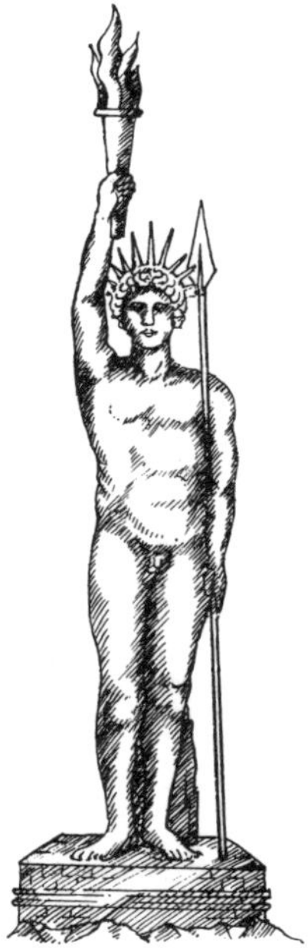

Abb. 63. Mögliche Rekonstruktion des mit geschlossenen Beinen stehenden Kolosses, eine Fackel in der Hand.

tion eines nackten Mannes, der die Rechte zur Stirn hebt, zurückgewiesen werden. Diese basiert nämlich auf dem Fragment eines auf Rhodos gefundenen Marmorreliefs, das zwar deutlich eine sich selbst krönende Gestalt zeigt; indes handelt es sich dabei um die Figur eines Athleten, der mit dem Sonnengott Helios nicht das mindeste zu tun hat. Auf der Grundlage sämtlicher verfügbarer Indizien hat Gabriel eine mögliche, wenn auch keineswegs unzweifelhafte, Rekonstruktion vorgeschlagen. Sie zeigt einen nackten jungen Mann in steifer, aufrechter Körperhaltung und mit geschlossenen Beinen, der in einer Hand eine Fackel, in der anderen einen Speer trägt (Abb. 63).

Was den Kopf der Figur angeht, so hat sich die Forschung stets an Porträts des Sonnengottes auf zeitgenössischen rhodischen

Münzen orientiert. Die meisten Münzen dieser Zeit weisen ein von Sonnenstrahlen umgebenes Haupt auf – eine durchaus weitverbreitete Darstellung des Helios. Andrerseits kommen auf zeitgenössischen Geldstücken der Insel aber auch Kopfbilder ohne einen derartigen Strahlenkranz vor, so daß auch diese Frage offenbleiben muß, wenngleich ein strahlender Kopfschmuck wahrscheinlicher sein dürfte (Abb. 64).

Abb. 64. Haupt des Helios mit und ohne Strahlenkranz. Aversprägungen von silbernen Tetradrachmen (Vier-Drachmen-Stücken) der Insel Rhodos. (London. Britisches Museum.)

Die erstaunlichste Eigenschaft der Statue ist ihre enorme Höhe, die auch dann noch imposant gewirkt haben dürfte, als der Koloß nicht mehr aufrecht stand, sondern bereits eingestürzt war. In den meisten Darstellungen wird sie übereinstimmend mit 70 Ellen angegeben. Eine Quelle, die 80 Ellen anführt, könnte den Fundamentsockel miteinbezogen haben. Im Altertum variierte das Ellenmaß von Zeit zu Zeit ebenso wie von Ort zu Ort; vermutlich gehen wir aber nicht ganz fehl, wenn wir eine Höhe von etwa 33 m veranschlagen.
Statuen mit einer Höhe von bis zu 10 m waren im alten Griechenland nicht unbekannt, doch weder vor noch nach Aufrich-

Abb. 65. Die Freiheitsstatue in der Hafeneinfahrt von New York.

tung des Kolosses haben wir Kunde von einem Kunstwerk der Antike mit vergleichbaren Ausmaßen. Möglicherweise ließ sich der Künstler von den riesigen steinernen Statuen Ägyptens inspirieren, die aus frühester Zeit überliefert sind; immerhin waren Rhodos und Ägypten im 3. Jahrhundert v. Chr. eng miteinander liiert. Eine der wenigen Statuen der Neuzeit in dieser Größenordnung ist die in Kupfer getriebene Freiheitsstatue auf Bedloe's Island an der Hafeneinfahrt von New York (Abb. 65), geschaffen von dem französischen Bildhauer Frédéric-Auguste Bartholdi, der sich den Koloß von Rhodos zum Vorbild nahm. Mit ihren 46 m überragt die Statue, die 1886 zum Gedächtnis an die französische und die amerikanische Revolution errichtet wurde, den Koloß sogar noch.

Um die unglaublich komplizierte Bauweise des Kolosses zu veranschaulichen, sei hier auf die Darstellung Philons von Byzanz verwiesen:

> Auf ihr [der Insel Rhodos] stand der Koloß, 70 Ellen hoch gestaltet zu einer Heliosstatue; denn das Bild des Gottes ließ sich an seinen Attributen erkennen. So viel Erz verbrauchte der Künstler, daß das Metall auszugehen begann; zum Guß dieses Werkes wurden die Erzgruben der ganzen Welt herangezogen. [...] Diesen [den Koloß] hat der Meister mit Eisenstreben und Steinquadern verstärkt, deren Querbalken eine kyklopische Schmiedearbeit erkennen lassen, und der verborgene Teil des Werkes ist großartiger als der sichtbare [...]. Als Grundlage schuf er eine Basis aus weißem Marmor, und darauf errichtete er zuerst die Füße des Kolosses bis zu den Knöcheln, wobei er auf die richtigen Maßverhältnisse achtete, nach denen der 70 Ellen hohe Gott errichtet werden sollte; denn allein die Standspur auf der Basis übertraf [an Größe] die anderen Statuen. Daher war es nicht möglich, das übrige zu heben und daraufzustellen, sondern man mußte die Knöchel oben gießen und wie beim Hausbau das ganze Werk auf sich selbst errichten. Zwar formen die Künstler die anderen Statuen zuerst als Modell, teilen sie dann Glied für Glied auf, gießen die Teile, fügen sie zu einem Ganzen und stellen sie auf; hier aber wurde auf dem ersten gegossenen Teil der zweite als Modell geformt und auf diesem, wenn er in Erz ausgeführt war, der dritte errichtet, und der folgende in derselben Weise ausgeführt; denn es wäre unmöglich gewesen, die Metallteile zu bewegen. Sobald auf den schon vollendeten Teilen des Werkes der Guß erfolgt war, achtete man auf die Verteilung der Balken und auf die Festigung des Gerüstes und verstärkte das Gefüge der hineingelegten Steine. Damit man den Plan des Werkes sicher befolgen könne, schüttete man stets um die vollendeten Teile des Kolosses eine gewaltige Erdmasse auf, verdeckte so das schon Ausgeführte darunter und machte auf diese Weise den Guß der angrenzenden Teile auf ebener Erde. So gelangte er [der Künstler] allmählich zum Abschluß seiner hochfliegenden Pläne, und mit Aufwendung von 500 Talenten Erz und 300 Talenten Eisen machte er den Gott dem Gott gleich, indem er voll Wagemut ein kühnes Werk schuf: denn er gab einen zweiten, gleichwertigen Helios dem Weltall.
>
> (Übers. von F. Krinzinger und P. Gamper)

Denys Haynes hat darauf hingewiesen, daß die Statue demnach zweifellos Stück für Stück gegossen worden sein muß und Herbert Maryon mit seiner Auffassung, sie sei aus gehämmerten

Erzplatten zusammengesetzt worden, in die Irre ging. In jedem Fall können die Arme der Figur bei einer derartigen Konstruktionsmethode kaum ausgestreckt gewesen sein, es sei denn gen Himmel. Da Chares bei Lysippos in die Schule gegangen war, dürfte der künstlerische Ausdruck, der zur Zeit der Entstehung des Standbilds im Schwange war, auch dessen äußere Erscheinung beeinflußt haben. Selbst wenn sie den Sonnengott in reglosem Zustand zeigte, kann die Statue nicht das strenge, völlig unbewegliche Aussehen archaischer griechischer *kuroi* gehabt haben. Lysippos freute sich, wenn es ihm gelang, in einem entspannten, athletisch gestählten Körper den Eindruck geschmeidiger Bewegung hervorzurufen; auch der Helios des Chares ist in dieser Tradition zu sehen.

Nicht eine der antiken Quellen übermittelt uns den Standort des Kolosses – eine Unterlassung, die zu mehreren, von Gabriel ohne Ausnahme überprüften Lokalisierungsversuchen geführt hat.

Die Annahme, daß die Statue im *deigma* oder Basar südöstlich des später Mandraki genannten Hafens gestanden habe, können wir außer acht lassen, da sie auf einer Fehldeutung bestimmter klassischer Texte beruht. Die Behauptung, eine St. Johannes Colossensis geweihte mittelalterliche Ordenskirche sei auf dem früheren Standort des Kolosses in der Unterstadt errichtet worden, hat Gabriel damit entkräften können, daß es eine solche Kapelle in diesem Stadtteil in Wahrheit nie gegeben hat.

Die Auffassung, wonach der Helios mit gespreizten Beinen über der Einfahrt zum Mandraki-Hafen stand, ist zuerst von einem italienischen Pilger namens de Martoni vertreten worden, der die Insel in den Jahren 1394/95 besuchte. Er beruft sich auf die volkstümliche Überlieferung, nach der die Statue mit einem Fuß am Osteingang des Hafens genau an der Stelle stand, wo sich zu seiner Zeit die St.-Nikolaus-Kirche befand (und heute das Fort Ajios Nikolaos), während der andere Fuß auf der anderen Seite der Hafeneinfahrt ruhte. Selbstredend ist eine derartige Position völlig undenkbar; denn damit hätte die Spannweite zwischen den

Beinen der Figur, wie Gabriel aufzeigte, mehr als 400 m betragen. Dennoch war diese Legende, zusammen mit der Ansicht, daß der Koloß eine Fackel trug und somit als Leuchtturm fungierte, im Mittelalter allgemein verbreitet – abzulesen sowohl an schriftlichen Zeugnissen wie auch an einer Reihe von Graphiken (Abb. 66). Eine dieser Abbildungen muß Shakespeare vorgeschwebt haben, als er Cassius über Julius Cäsar sagen ließ (*Julius Cäsar* I,2,133–138):

Ja, Freund; breitbeinig steht er auf der Enge
Der Welt, wie der Koloß zu Rhodos! *Wir*
Gehn winzig durch zwischen den Riesenbeinen,
Und jeder sucht schon sein ehrloses Grab.
(Übers. von E. Fried)

Abb. 66. Koloß, mit gespreizten Beinen über der Hafeneinfahrt stehend. Kupferstich von Marten van Heemskerck aus dem 16. Jahrhundert.

Abb. 67. Blick auf die Einfahrt zum Mandraki-Hafen. Auf den hohen Säulen, von denen die Hafeneinfahrt flankiert wird, stehen Hirsche (eines der Wappentiere des heutigen Rhodos). Links das Fort Ajios Nikolaos.

Diese Auffassung könnte von der Fehlinterpretation eines in der *Griechischen Anthologie* (VI,171) erhaltenen Gedichts herrühren, welches höchstwahrscheinlich die Weihinschrift des Kolosses darstellte:

Bis zum Olympos empor, o Helios, türmte dir preisend
Rhodos' dorisches Volk diesen Koloß hier aus Erz,
als es endlich die Wogen des grimmigen Krieges beschwichtigt
und das heimische Land prächtig mit Beute geschmückt.
Fest auf der Erde erbaute es ihn und hoch überm Meere,
daß er ein herrliches Licht fronloser Freiheit ihm sei.
Ist das Recht doch der Männer vom Blute des Herakles, daß sie
herrschen zu Lande und Meer, wie es die Väter getan.

(Übers. von W. Ekschmitt)

Womöglich ein Relikt dieser früheren Ansicht ist die im 15. Jahrhundert aufgekommene Auffassung, wonach der ganze Koloß ebendort aufragte, wo de Martoni nur seinen rechten Fuß lokalisierte, nämlich am Osteingang des Mandraki-Hafens (Abb. 67). Hier stand, zur Zeit der Ordensritter, zunächst eine Kirche, dann das heute noch erhaltene Fort, beide dem hl. Nikolaus geweiht. Gabriel zieht diesen Standort vor, und in der Tat spricht eine Menge für ihn. So sind ins Mauerwerk der Festung zweifellos Steinquader antiken Ursprungs eingearbeitet worden, und Gabriel hat nachweisen können, daß die Trümmer des Kolosses nicht ins Meer gestürzt sein müssen, sondern ebensogut auch auf dem Land liegengeblieben sein könnten – eine Lage, für die es verläßliche Bürgen gibt. Wir wissen weiter, daß es nach der Errichtung des Kolosses auch anderswo Mode wurde, an Hafeneinfahrten Kolossalstatuen aufzustellen; beispielsweise besitzen wir Zeugnisse von derartigen Statuen in Ostia, dem Hafen Roms, und in Caesarea Palaestina. Letztere wird von Josephus Flavius in seiner *Geschichte des Jüdischen Krieges* erwähnt: »Die Hafeneinfahrt lag nach Norden, weil der Nordwind dort der mildeste Wind ist. Zu beiden Seiten der Einfahrt befanden sich drei auf Sockeln ruhende kolossale Standbilder [...].« Der Hafen war zwischen 22 und 20 v. Chr. von Herodes dem Großen erbaut worden. Abbildungen ähnlicher Standbilder finden sich auch auf Münzen, wo sie einen wesentlichen Bestandteil von Hafenansichten bilden. Einige davon, die als Leuchtfeuer am Hafeneingang dienten, müssen ungeheure Ausmaße erreicht haben. Wie die Freiheitsstatue waren die meisten auf einem hohen Sockel angebracht. Besonders die Standbilder von Patras und Mothone auf der Peloponnes, Caesarea Germanica in Bithynien und Soloi Pompeiopolis in Kilikien beweisen, daß die Errichtung hoher Standbilder auf Hafenmolen zur Zeit der Römer gängige Praxis war.

Gegen die Annahme vom Standort des Kolosses am Hafeneingang lassen sich jedoch zwei grundlegende Einwände erheben. Zunächst einmal ist es wenig wahrscheinlich, daß die Rhodier es zugelassen hätten, daß ein so wichtiges und wertvolles Areal nach dem Einsturz der Statue im Jahre 226 v. Chr. auf unbestimmte Zeit von Trümmern übersät blieb. Zum anderen verrät uns ein antiker Schriftsteller, daß der Koloß bei seinem Einsturz zahlreiche Häuser beschädigte. Auf einer Hafeneinfassung wäre dies sicherlich nicht geschehen.

So gelangen wir zu einer abschließenden Vermutung, die uns am einleuchtendsten erscheinen will. Am Ende der Ritterstraße befindet sich eine alte türkische Schule (Abb. 68), die unseres Wissens im 19. Jahrhundert auf dem Gelände der ehemaligen, St. Johannes Colossensis geweihten Ordenskirche der Johanniter errichtet wurde. Letztere, mit deren Bau im Jahre 1310 begonnen wurde, flog 1856 bei einer Explosion von Schießpulver versehentlich in die Luft. Ehe man sich angesichts des Namens St. Johannes Colossensis zu voreiligen Schlüssen hinreißen läßt, sei darauf hingewiesen, daß um des berühmten

Abb. 68. Die türkische Schule am Ende der Ritterstraße.

Standbildes willen die gesamte Stadt Rhodos im Mittelalter mit dem Beinamen *colossensis* belegt wurde.
Indessen wissen wir von einigen in der Nähe aufgefundenen Inschriften so gut wie sicher, daß im Altertum an dieser Stelle oder aber in ihrer unmittelbaren Umgebung ein Heliostempel stand. Bei den Griechen war es Brauch, ihre Weihgeschenke in den Heiligtümern ihrer Götter darzubringen, weswegen bedeutende heilige Stätten wie Delphi oder Olympia wahre Schatzkammern der Bildhauerei wurden. Es ist bekannt, daß der Koloß ein Weihgeschenk für die Rettung aus dem Würgegriff des Städtebelagerers Demetrios war; naturgemäß wird ein solches Weihgeschenk im Heiligtum des Helios errichtet worden sein. Falls das Fort Ajios Nikolaos als Standort des Kolosses ausscheidet, so spricht vieles für das Gelände der türkischen Schule, und möglicherweise würde eine Ausgrabung sich lohnen. Schon jetzt lassen sich am Fundament des Schulbaus antike Gemäuer ausmachen, die darauf hinzudeuten scheinen, daß er auf antiken Grundmauern aufsitzt. Reste antiken Mauerwerks sind auch direkt vor dem Schultor sowie in den unteren Schichten der Umfassungsmauer des Schulgeländes zu erkennen, die gegenüber dem Großmeisterpalast steht.

Abb. 69. Rekonstruktion des gestürzten Kolosses. Wie von Strabon beschrieben, ist er an den Knien umgeknickt.

Das Erdbeben, das den Koloß (und einen Großteil der Stadt Rhodos) zu Fall brachte, trug sich um das Jahr 226 v. Chr. zu. Strabon berichtet, daß die Statue an den Knien einknickte (Abb. 69). Ptolemaios III. Euergetes (›der Wohltäter‹) von Ägypten erbot sich umgehend, den Wiederaufbau des Kolosses zu finanzieren, aber die Rhodier schlugen sein Angebot aus, hatte ihnen doch ein Orakel seine Wiedererrichtung untersagt. So lag der Sonnengott beinahe 900 Jahre lang dort, wo er hingestürzt war; die Passanten konnten die Trümmer von innen besichtigen und die Stein- und Eisenmasse in Augenschein nehmen, die der Statue einst Standfestigkeit verliehen hatte.
Als die Araber im Jahre 654 n. Chr. die Insel plünderten, schifften sie die Bruchstücke des Kolosses über die Meerenge nach Kleinasien und verkauften sie einem Juden aus Emesa. Der Überlieferung zufolge ließ dieser sie in 900 Kamellasten nach Syrien schaffen. So endet die Geschichte des rhodischen Kolosses, des am wenigsten bekannten Wunderwerks der Antike.

Der Pharos von Alexandria

Von Peter A. Clayton

Als letztes Bauwerk wurde dem akzeptierten Kanon der Sieben Weltwunder der Pharos, der große Leuchtturm von Alexandria an der Nordwestküste des Nildeltas, hinzugefügt. Seinen Namen bezog er von der dem Hafen Alexandrias vorgelagerten Insel, auf der er errichtet wurde; dieser Name diente später als Oberbegriff für Leuchttürme schlechthin.
Inmitten des weiten Meeressands und der Ablagerungen von Nilschlamm bot die Insel Pharos, ein anstehendes Kalkgestein, eine sichere Basis. Die Insel wird erstmals in der *Odyssee* erwähnt; Homer zufolge lag sie, wie später von Plinius dem Älteren wiederaufgenommen, eine Tagesreise von Ägypten entfernt – offenbar waren seine Quellen nicht sehr zuverlässig. Der Legende nach begab sich die schöne Helena zusammen mit Paris nach Ägypten, doch langweilte sie sich auf der Insel, da es nichts zu sehen gab und die einzigen Bewohner Seehunde waren. Zehn Jahre später stattete sie dem Eiland einen zweiten Besuch ab, diesmal jedoch in Begleitung ihres Gemahls Menelaos; infolge eines Sturms war dieser auf der Heimreise von Troja vom Kurs abgekommen und auf Pharos gelandet. Menelaos traf einen Greis an, den er fragte: »Was für eine Insel ist dies?« Der Alte erwiderte: »Pharaos.« Menelaos hörte falsch und fragte nach: »Pharos?« Der alte Mann bejahte und wiederholte den Possessiv »Pharaos« in altägyptischer Aussprache, so daß er klang wie »Prutis«. Menelaos mißdeutete dies als »Proteus«, der Name jenes ihm wohlbekannten Meeresgottes, dem Poseidon die Gabe der Weissagung verliehen hatte. So schenkte eine Kombination von undeutlicher Aussprache und Menelaos' schlechtem Gehör der Welt den Inselnamen »Pharos«, und Schutzpatron der

Insel wurde Proteus. Bei seiner Rückkehr nach Griechenland schmückte Menelaos die Begebenheit weiter aus und verwandelte die Seehunde, in deren Gesellschaft Helena sich so gelangweilt hatte, kurzerhand in Nymphen, die den Strand bevölkerten.

Im Jahre 332 v. Chr. »befreite« Alexander III. der Große Ägypten von den persischen Oberherren, die ihrerseits 343 v. Chr. die Nachfolge des letzten der einheimischen Pharaonen, Nektanebos II. aus der 30. Dynastie, angetreten hatten. Alexander hielt sich zwar nur wenige Monate in Ägypten auf, bevor er zu einem neuerlichen Angriff gegen den persischen Großkönig Dareios ausholte; dafür aber hinterließ er Ägypten und damit der abendländischen Kultur ein bleibendes Vermächtnis. Als Alexander in Ägypten eintraf, war die Insel Pharos schlicht als Sitz der Meeresgottheit Proteus bekannt. Die Insel lag vor dem westlichen Mündungsarm des Deltas, und auf dem schmalen Küstenstreifen zwischen dem Meer und dem Mareotis-See, einem großen Binnensee, gab es lediglich ein kleines Fischerdorf namens Rhakotis. Im Herbst 332 v. Chr. marschierte Alexander von Memphis, der altägyptischen Hauptstadt (heute südlich von Kairo), den westlichen Nilarm entlang nach Kanopos, einem seit langem in Betrieb befindlichen Binnenhafen, und weiter über Rhakotis auf die Oase von Schiwa in der Libyschen Wüste zu. Mit untrüglichem Blick erkannte er sogleich die Möglichkeiten des ärmlichen Fleckens und befahl die Gründung einer neuen Stadt an dessen Stelle: Alexandria. Diese war nur die erste von vielen Städten, die seinen Namen tragen, doch sollte sie von allen stets die mächtigste bleiben. Daraufhin zog Alexander weiter zu seinem Marschziel, der Oase von Schiwa, einer Orakelstätte mit dem Schrein des Ammon (Amun). In dem dortigen Heiligtum hatte er angeblich ein für ihn traumatisches persönliches Erlebnis: Der amtierende Priester begrüßte ihn als Sohn Gottes. In Plutarchs Schilderung bemühte sich der Priester, Alexander auf griechisch mit »O paidion« (»O mein Sohn«) anzureden, doch hörte es sich an wie »O pai Dios« (»O Sohn des Zeus«). Dies hinterließ bei Alexander einen unauslöschlichen Eindruck, und fortan betrachtete er sich als Sohn des Zeus-Ammon und seinen Krieg gegen Persien als eine Art Kreuzzug oder heiligen Krieg. Die Ägypter erkannten Alexander als ihren Pharao an; die Vorstellung, daß er der Sohn eines Gottes sei, verursachte ihnen kein Kopfzerbrechen, war dies doch lediglich eine Weiterführung der altägyptischen Überlieferung, wonach die königliche Familie von Gott gezeugt war. Auf Münzen, die nach seinem Tode geprägt wurden, wird Alexander dargestellt, wie er über seinem makedonischen Königsdiadem Widderhörner trägt; diese dienten als Symbol des Zeus-Ammon, dem der Widder als besonders heilig galt.

Die neue von Alexander gegründete Stadt wurde von dem Stadtbaumeister Deinokrates von Rhodos entworfen, der dabei modernsten, erst ein Jahrhundert zuvor von Hippodamos von Milet entwickelten Prinzipien der Städteplanung folgte. Dieser nämlich hatte für die Straßenführung das sogenannte Rechteckschema erdacht. Zusammen mit den Riffs an seinem Westzipfel hatten die der Küste vorgelagerten Kalksteinklippen, aus denen die Insel Pharos bestand, seit prähistorischen Zeiten einen natürlichen Hafen gebildet. Anscheinend war Homer dieser Hafen bekannt, denn in der *Odyssee* (IV,354–359) beschreibt er ihn wie folgt:

> Eine der Inseln liegt im wogenstürmenden Meere
> Vor des Aigyptos Strome (die Menschen nennen sie Pharos)
> [...].
> Dort ist ein sicherer Hafen, allwo die Schiffe gewöhnlich
> Frisches Wasser sich schöpfen und weiter die Wogen durchsegeln.
> (Übers. von J. H. Voß)

In seiner *Geographie* (XVII,1,6) macht uns Strabon folgende Mitteilung:

> Pharus aber ist eine längliche, fast mit dem Festlande zusammenhängende und an diesem einen Hafen mit zwei Eingängen bildende Insel. Denn das zwei Landspitzen ins Meer vorstreckende Ufer bildet eine Bucht, und zwischen beiden liegt die den Busen schließende Insel;

denn sie streckt sich der Länge nach vor ihm hin. [. . .] Aber auch die Spitze der Insel selbst ist ein vom Meere umspülter Felsen mit einem wundervoll aus weißem Gestein mit vielen Deckgebälken erbauten und der Insel gleichnamigen Turme.

(Übers. von A. Forbiger)

Strabon beschreibt des weiteren, daß die Küste keinen Hafen besaß, zu beiden Seiten flach war sowie Riffe und Untiefen aufwies, so daß, wer sich ihr vom offenen Meer her näherte, eines gut sichtbaren Markierungszeichens bedurfte, um sicher an Land zu gelangen. Die Insel war von einer recht zahlreichen Einwohnerschaft bewohnt, und es gab etliche Gräber aus der Zeit der Ptolemäer (305–30 v. Chr.). Strabon bemerkt weiter, daß die Insel zu seinen Lebzeiten von Julius Cäsar verwüstet wurde, da die Bevölkerung sich seinem Angriff auf die Alexandriner verständlicherweise widersetzt und mit ihren Landsleuten unter Königin Kleopatra VII. verbündet hatte.

Als zwischen Pharos und dem Festland ein Damm aufgeschüttet wurde, entstanden zwei geschützte Hafenanlagen, der westliche und der östliche Hafen, von denen, je nach vorherrschender Windrichtung, einer jederzeit schiffbar war (Abb. 70). Hinter diesen Häfen erstreckte sich die Stadt zu beiden Seiten der breiten Kanopos-Straße, welche schnurgerade von Osten nach Westen verlief. Die Stadt gliederte sich in fünf Bezirke, die nach den ersten fünf Buchstaben des griechischen Alphabets benannt waren. In seiner *Geographie* (XVII,I,7–10) liefert Strabon eine eingehende Beschreibung der Stadt und hebt ihre günstige Lage zwischen Meer und Mareotis-See hervor. Letzterer war mit den Kanälen des Nils verbunden und ließ den Kanalhafen Alexandria zu einem florierenden Umschlagplatz werden, wohlhabender zunächst als sein Vetter, der Überseehafen an der Küste:

Die Gestalt der Grundfläche der Stadt ist mantelähnlich; ihre Längenseiten, im Durchmesser etwa dreißig Stadien [5,549 km] haltend, sind vom Meere bespült, die Breitenseiten dagegen sind die Landengen, jede etwa sieben [1,295 km] bis acht Stadien [1,480 km] lang, auf der einen Seite vom Meere, auf der anderen vom See umschlossen. Zwar ist die ganze Stadt mit für Reiter und Wagen passierbaren Straßen durchschnitten, zwei aber, die sich auf mehr als hundert Fuß [30,83 m] öffnen und einander unter rechten Winkeln in zwei zerschneiden, sind die breitesten. Die Stadt enthält die schönsten öffentlichen Plätze und königlichen Paläste, welche den vierten oder selbst den dritten Teil des ganzen Umfangs einnehmen. [. . .] Alle jedoch hängen zusammen, sowohl untereinander selbst als mit dem Hafen und mit allem, was außerhalb desselben ist. – Ein Teil der königlichen Gebäude ist auch das Museum (Museion) [. . .]. Ein [anderer] Teil der königlichen Gebäude ist das sogenannte Sema, ein umschlossener Raum, innerhalb dessen sich die Grüfte der Könige und des Alexander befinden. Denn Ptolemäus, der Sohn des Lagus, hatte den Leichnam [des letzteren] dem Perdikkas, der ihn von Babylon brachte [. . .], weggenommen. [. . .] Den Leichnam Alexanders aber brachte Ptolemäus nach Alexandria und bestattete ihn da, wo er noch jetzt liegt, jedoch nicht in demselben Sarge; denn der jetzige ist von Glas [oder möglicherweise aus Alabaster? Vgl. den viel früheren Sarkophag von Sethos I. (1318–1304 v. Chr.), der aus dünnem, durchsichtigem, mit einer Inschrift versehenem Alabaster ist], jener aber legte ihn in einen goldenen. [. . .] An dem Großen Hafen liegt rechts neben der Einfahrt die Insel und der Turm Pharus [. . .].

(Übers. von A. Forbiger)

Andere wichtige Gebäude waren später, um 20 v. Chr., das Caesareum, das Emporion, das Stadion, das Gymnasion, das Hippodrom sowie das Serapeion, der berühmte Kulttempel des griechisch-römischen Gottes Serapis. Dieser wird gewöhnlich mit einem Modius, einem kleinen Getreidehohlmaß, auf dem Haupt abgebildet – sein ureigenstes Sinnbild als Gott des Getreides. Ägypten war nämlich zur Kornkammer Roms geworden.

Das Museion (ein Musentempel) war im wesentlichen eine Forschungsstätte, in der die Gelehrsamkeit blühte und geachtete Wissenschaftler das Privileg der Steuerfreiheit genossen sowie freie Kost und Logis erhielten. Die andere bedeutende Bildungseinrichtung Alexandrias war die Bibliothek, eine der beiden berühmtesten Bibliotheken der Antike (die andere befand sich in Pergamon in Kleinasien). Am Ende beherbergte sie rund eine halbe Million Schriftrollen (zu jener Zeit wurden Bücher auf Papyrus- oder Lederrollen geschrieben; Papyrus war in einem Land wie Ägypten ein naheliegender Grundstoff und eine wich-

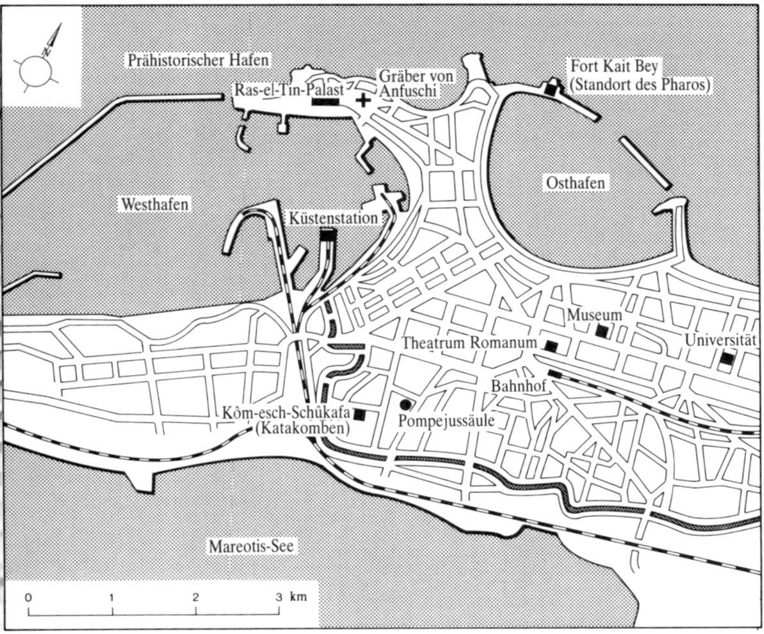

Abb. 70. Stadtplan von Alexandria.

tige Einnahmequelle). Bei der Eroberung Alexandrias durch Cäsar ging die Büchersammlung versehentlich in Flammen auf, ein zweites Mal wurde sie 391 n. Chr. von Christen unter Jubelgeschrei in Brand gesteckt. In der Antike waren Museion und Bibliothek Alexandrias, bildlich gesprochen, wahre Leuchtfeuer der Gelehrsamkeit; der Pharos sollte ein Leuchtfeuer im wörtlichen Sinne werden. Nicht von ungefähr wird sein Name in vielen Sprachen als Bezeichnung für einen Leuchtturm verwendet.
Beschreibungen des Pharos tauchen in den Werken verschiedener klassischer Autoren um die Zeitenwende auf, namentlich bei Diodorus Siculus (1. Jh. v. Chr.), Strabon (um 64 v. Chr. bis

21 n. Chr.) und Plinius d. Ä. (um 23–79 n. Chr.). Letzterer, bekannt vor allem durch seine großartige *Naturgeschichte*, war ein Mann von scharfem Verstand. Indes sollte ihm seine wissenschaftliche Neugier zum Verhängnis werden: Als er im August 79 n. Chr. den Vesuv erforschen wollte, fand er bei dessen Ausbruch den Tod durch Ersticken.

Wann genau der Pharos errichtet wurde und durch wen, ist strittig. Begonnen wurde der Bau augenscheinlich unter Ptolemaios I. Soter (305–282 v. Chr.), dem berühmten Kameraden und späteren Generaladjutanten Alexanders d. Gr., der nach dessen Tod zu Babylon im Jahre 323 v. Chr. die Satrapie Ägypten für sich erwarb. Ptolemaios »erwarb« auch Alexanders Leichnam, der sich auf dem langen Rückweg zu den makedonischen Köngisgräbern bei Vergina befand (wo vor einigen Jahren die Grabstätte seines Vaters, Philipps II., entdeckt wurde). Als Alexander in Memphis, der vormaligen Hauptstadt Ägyptens, aufgebahrt lag, beging Ptolemaios einen historischen Leichenraub und ließ den Leichnam nach Alexandria überführen, wo er in einem prächtigen Mausoleum, dem Sema, bestattet werden sollte. Trotz zahlreicher Nachforschungen ist dieses Gebäude jedoch nie aufgefunden worden. Da sich die Küste bei Alexandria seit dem Altertum erheblich gesenkt hat, befindet es sich aller Wahrscheinlichkeit nach unter der Wasseroberfläche. Die Nutzung von Alexanders Leichnam als Ausgangspunkt für ein bedeutendes Zentrum des Handels und der Gelehrsamkeit erwies sich als gelungener Handstreich. Die stetig zunehmende Bedeutung Alexandrias brachte es mit sich, daß seine beiden Häfen – ein weiterer Vorzug – angemessen »ausgeschildert« werden mußten, ist doch die ägyptische Küste in dieser Gegend ausgesprochen flach und wenig markiert; sie weist nur wenige Landmarken auf, die den Seemann sicher zu seinem Ankerplatz geleiten.

Vermutlich begann der Bau im Jahre 297 v. Chr., auch wenn ein späterer Chronist, Bischof Eusebius von Caesarea (263 bis 339 n. Chr.), der in Ägypten eingekerkert gewesen war, das

Abb. 71. Rekonstruktion des Pharos. (Nach H. Thiersch.)

Gebäude in seine Chronologie für das Jahr 283/282 v. Chr. aufnimmt. Mit Sicherheit wurde es jedoch nicht, wie oft vermutet, von Ptolemaios selbst in Auftrag gegeben. Vielmehr wird mit ihm ein begüterter alexandrinischer Höfling und Diplomat namens Sostratos in Verbindung gebracht, sei es als Architekt oder, wie Peter Fraser vermutet, als Stifter. Strabon (XVII,1,6) berichtet: »Diesen [den Turm] errichtete der Knidier Sostratus, ein Freund der Könige, zur Rettung der Schiffenden, wie die Inschrift besagt.« Lukian (um 115–180 n. Chr.) überliefert die folgende Version: »Sostratos, der Knidier, des Dexiphanes Sohn, den rettenden Göttern zum Besten der Schiffenden.« Bei den »rettenden Göttern« könnte es sich entweder um einen Verweis auf Ptolemaios I. Soter (›Retter‹) und seine Gemahlin Berenike handeln, die auf goldenen Oktodrachmen (Acht-Drachmen-Stücken) aus dem Münzwerk Ptolemaios' II. als »Götter«

(*theōn*) bezeichnet werden. Andererseits wird dieser Beiname des öfteren den beiden Dioskuren beigelegt, den himmlischen Zwillingen Kastor und Polydeukes (Pollux), die zu Schutzgöttern der Seefahrt wurden und die spezifische Aufgabe hatten, Schiffer aus Seenot zu retten. Freilich scheinen die Dioskuren im ägyptischen Kontext kaum in Betracht zu kommen. Poseidippos, ein Dichter, der zur Feier der Aufrichtung oder Vollendung des Pharos ein Epigramm verfaßte und daher der verläßlichste zeitgenössische Autor ist, beschwört den göttlichen Meergreis Proteus, der ja seinen Wohnsitz auf der Insel hatte, und nennt Zeus Soter, Zeus den Retter, als »Ziel« der Seefahrer. In der Tat war es Zeus Soter, der vor dem undeutlichen Verlauf der langgestreckten, flachen Küste Ägyptens auf der obersten Spitze des Pharos als Markierungspunkt fungierte. Auf dieser Spitze stand die Statue des Zeus Soter von Anfang an, und ihm war der Turm denn auch geweiht (Abb. 71). Der arabische Historiker al-Mas'udi (10. Jh. n. Chr.) erwähnt, daß die Inschrift in breiten, eine Elle (45,72 cm) messenden bleiernen Lettern ins Gemäuer eingelassen war, und zwar auf der Ostseite des Pharos, wo sie für jeden, der im Hafen ein- oder ausfuhr, deutlich sichtbar war.

Was nun den Bauherrn angeht, so führt Plinius d. Ä. in seiner *Naturgeschichte* (XXXVI,18) ausdrücklich folgendes aus: »Hochherzig war es [...] von König Ptolemaios, daß er dem Baumeister desselben, dem Knidier Sostratos, erlaubte, seinen eigenen Namen auf demselben durch Mauerarbeit anzubringen.« Ein gewisser Sostratos ist uns in den siebziger Jahren des 3. Jahrhunderts v. Chr. als Gesandter König Ptolemaios' II. Philadelphos' in Delos bekannt, und man darf annehmen, daß dieser und der Mann, der mit dem Pharos zu tun hatte, identisch sind. In seinem *Hippias* (2) erwähnt Lukian einen namhaften Mechaniker namens Sostratos von Knidos, den er mit Archimedes in Zusammenhang bringt. Jener habe Ptolemaios mit der Umleitung des Nils die Einnahme von Memphis ermöglicht. Freilich muß dieses Ereignis kurz nach Alexanders Tod stattgefunden haben, als Ptolemaios die Alleinherrschaft über Ägypten antrat.

Insofern kann es sich bei dem namhaften Mechaniker, der in den dreißiger Jahren des 4. Jahrhunderts im Solde des Ptolemaios stand, schwerlich um denselben Mann handeln, dessen Name sich mit dem Pharos verbindet. Daß Plinius und andere den späteren Sostratos mit der Berufsbezeichnung »Architekt« versahen, resultiert aus einem Mißverständnis der Weihinschrift, möglicherweise auch aus einer Verwechslung mit jenem früheren Mechaniker. Der spätere Sostratos könnte gut und gerne ein Enkel jenes Mechanikers gewesen sein, der im 3. Jahrhundert v. Chr. in Ägypten gelebt haben dürfte.

In dem Epigramm des Poseidippos könnte sich der Begriff, der wörtlich übertragen »hingesetzt« bedeutet, ebenso auf den Turm wie auf die Inschrift beziehen, also sowohl »erbaut« wie auch »gewidmet« heißen. Hinzu kommt, daß es höchst ungewöhnlich und daher höchst unwahrscheinlich wäre, den Namen des Königs auszulassen, wenn Ptolemaios I. oder Ptolemaios II. der Stifter gewesen wäre. Auf jeden Fall war es in der Antike keineswegs Brauch, auf einem Monument den Namen des Architekten zu verewigen, während der Stifter oder Zueigner offensichtlich ganz unerläßlich war. Demnach dürfte der Bau des Pharos während der Regierungszeit Ptolemaios' I. Soter (305 bis 282 v. Chr.) begonnen und unter Ptolemaios II. Philadelphos (282–246 v. Chr.) abgeschlossen worden sein. Anscheinend wurden die Baukosten von einem gewissen Sostratos von Knidos aufgebracht, einem vermögenden Höfling und Diplomaten (oder Kaufmann?), der das Bauwerk weihte. Den Namen des Architekten hingegen kennen wir nicht.

Der Turm selbst ist mit Sicherheit eines der ältesten Gebäude in Alexandria, von deren Existenz wir wissen. Zweifellos wurde er zur gleichen Zeit errichtet wie das Sema, jenes Mausoleum, das den Leichnam Alexanders d. Gr. aufnehmen sollte. Da der Pharos der erste von einem Architekten entworfene und entwickelte Leuchtturm der Welt war, diente er offenkundig, ob mittelbar oder unmittelbar, allen anderen Leuchttürmen der griechisch-römischen Welt als Vorbild. Dies läßt sich erhalten gebliebenen

Mosaiken entnehmen, vor allem aber den Relieffriesen von Sarkophagen, auf denen Leuchttürme dargestellt sind. Was wir hingegen aus schriftlichen Quellen – im Gegensatz zu fragwürdigen Illustrationen – über das spezifische Aussehen des Pharos erfahren, ist wenig ergiebig.

Plinius verrät uns, daß er 800 Talente kostete. Ein Talent war ein Silbergewicht von 25,4 kg Handelsgewicht, d. h. 26,308 kg Silber. Multipliziert mit 800, ergeben sich Kosten in Höhe von 21046,4 kg Silber, in den Silberpreisen von 1987 also Kosten von mehr als 12 Millionen DM. Erzählungen über den Pharos wurden von Generation zu Generation weiter ausgeschmückt. Laut Epiphanes war der Turm 306 Fäden hoch (559,6 m)! In seiner *Geschichte des Jüdischen Krieges* berichtet Josephus Flavius, daß sein Leuchtfeuer vom Meer aus 300 Stadien (54,864 km) weit zu sehen war. Lukian von Samosata (115– um 180 n. Chr.) dehnt dies gar auf 465 km aus! Unabhängig von der Frage der Sichtweite stimmen sie jedoch alle darin überein, daß das Licht selbst von einem riesigen Feuer auf der Plattform herrührte, das durch Hohlspiegel auf der Turmspitze reflektiert wurde. Plinius bemerkt: »Dergleichen Leuchttürme brennen jetzt [Mitte des 1. Jh.s n. Chr.] an mehreren Orten, z. B. vor Ostia und Ravenna.« Eine Abbildung des Leuchtturms von Ostia, aus dessen Spitze hohe Flammen schlagen, findet sich nicht nur auf dem berühmten Hafenrelief von Ostia im Museo Torlonia zu Rom, sondern auch auf einer bimetallischen Medaille des Kaisers Commodus (177–192 n. Chr.). Wir sehen den Kaiser bei der Begrüßung der jährlichen Getreideflotte im Hafen von Ostia; er steht vor einem dreistufigen Leuchtturm (Abb. 72). Bei den von ihm willkommen geheißenen Schiffen handelt es sich eindeutig um die ägyptische Getreideflotte, da der griechisch-ägyptische Gott Jupiter-Serapis, auf dem Haupt seinen Kornmodius, deutlich erkennbar die große Galeere zur Linken in den Hafen steuert. Wie viele spätere Leuchttürme ist auch der Turm von Ostia in seinen allgemeinen Zügen mit Sicherheit dem berühmten Vorgänger in Alexandria nachempfunden, der zu diesem Zeitpunkt ja noch stand und in Betrieb war. Plinius fährt fort: »Die einzige Gefahr ist bei der fortwährenden Unterhaltung des Feuers nur die, daß man es leicht für einen Stern hält, weil Flammen, aus der Ferne gesehen, einen ähnlichen Anblick gewähren.« Dies trifft, wenn man auf hoher See am fernen Horizont einen Leuchtturm erblickt, selbst heute noch zu.

Abb. 72. Bimetallische Medaille aus der Zeit des Commodus (180 bis 192 n. Chr.). Der Kaiser steht vor dem dreistufigen Leuchtturm im Hafen von Ostia und begrüßt die ägyptische Getreideflotte. (London, Britisches Museum.)

Eine weitere interessante Frage betrifft die Logistik des Leuchtturmbetriebs, die bislang noch nicht recht bedacht worden zu sein scheint. Um das Feuer kontinuierlich am Leben zu erhalten, hätte es einer Unmenge Brennstoff wie etwa Holz oder Holzkohle bedurft. Ägypten ist nun aber kein Land, das für seinen Baumbestand bekannt wäre. Im Gegenteil, im alten Ägypten war Holz ebenso rar wie im heutigen; die einzigen einheimischen Baumarten sind Akazie und Tamariske, beides eher Sträucher als ausgewachsene Bäume. Möglicherweise bestand die Lösung des

Problems in getrocknetem Tierdung; dieser ist in Ägypten als Hausbrand der Eingeborenen auch heute noch weit verbreitet. Doch wiederum ist es die schiere Menge, die uns vor Probleme stellt. Daher die Annahme, daß die Leuchtkraft eher ein Resultat der Spiegelung als des Feuers selbst war. Bei den Spiegeln handelte es sich wahrscheinlich um Bleche aus glänzend poliertem Metall, wie die meisten Spiegel der Antike vermutlich aus geschliffener Bronze. Tagsüber konnte man, indem man sich die Sonnenstrahlen zunutze machte, einen noch stärkeren Wirkungsgrad erzielen. Es ist bekannt, daß im frühen Mittelalter vom Pharos aus die Nachricht vom Einlaufen eines Schiffes heliographisch nach Alexandria übermittelt wurde. Da man das Segeln nach Einbruch der Dunkelheit im Altertum vermied, war ein nächtliches Leuchtfeuer zur Markierung der Hafeneinfahrt von Alexandria weniger wichtig als ein Tagzeichen.

Nach ziemlich übereinstimmender Ansicht hatte die Turmanlage selbst einen dreifach gestuften Aufbau mit einer Gesamthöhe von etwa 100 Metern: 60 m für den ersten Teil, 30 m für den zweiten und weitere 15 m bis zur Zepterspitze des Zeus Soter, der sich über dem dritten Gebäudeteil erhob. Antike und jüngere islamische Quellen stimmen in der Beschreibung der beiden unteren Stufen überein, doch in der islamischen Version des Kalifen Ibn Tulun und der fatimidischen Restaurierungsarbeiten sitzt auf dem dritten Teil eine Moschee mit einer Kuppel, deren Spitze passenderweise von einem Halbmond, dem Symbol des islamischen Glaubens, geziert wird. Wann der Umbau stattfand, ist nicht genau bekannt.

Der Eingang befand sich nicht zu ebener Erde, sondern, ein wenig nach oben versetzt, am oberen Absatz einer Treppenflucht. Auf mehreren römischen Sarkophag-Reliefs sind ähnliche Abbildungen von Leuchttürmen dieser Bauart zu sehen. Das Ny-Carlsberg-Museum Kopenhagen besitzt drei solcher Darstellungen. Eine davon zeigt eine verhüllte Frauengestalt, die auf der ausgestreckten rechten Hand ein dreistufiges Gebäude trägt und vermutlich Isis Pharia (vgl. S. 199) repräsentieren soll. Ein anderes Relief zeigt an den Enden des Sarkophag-Paneels zwei Leuchttürme, zwischen denen drei Schiffe fahren. Der Leuchtturm zur Linken ist ein offen angelegter Bau mit einer Brustwehr aus Gitterwerk, vor dem ein Mann steht; der andere ist gleichfalls dreiteilig, aus seiner Spitze lodern Flammen auf. Zahlreiche Beispiele dieser Art sind uns von späteren, vornehmlich christlichen Sarkophagen her bekannt.

Auch auf Mosaiken sind etliche Leuchttürme abgebildet, darunter viele auf den Fußböden kleiner Büroräume am Platz der Körperschaften von Ostia, dem Hafen Roms. In den Handelsgebäuden, die den Platz von drei Seiten einschließen (in der Mitte steht ein Tempel und am freien Ende ein Theater), hatten verschiedene Unternehmen ihren Sitz, die mehrere Mosaiken mit Leuchttürmen eines nicht näher bestimmbaren Typs in Auftrag gaben. Ein aus dem 6. Jahrhundert stammendes Mosaik aus Qars el-Libya, Kyrene, zeigt einen krenelierten Bau, der auf griechisch als »Pharos« bezeichnet wird und auf dem allem Anschein nach zwei bewaffnete Wächter stehen. Ein Mitte des 5. Jahrhunderts entstandenes Mosaik, das 1964 bei Ausgrabungen im Hause des Kyrios Leontis in Bet Shean entdeckt wurde, weist ein merkwürdiges Nebeneinander von Sujets auf. Im oberen Teil sind Odysseus und die Sirenen zu erkennen, im unteren die liegende Figur des Flußgotts Nilus, der einem kleinen dreistöckigen Gebäude mit Giebeldach und Säulengang einen heiligen Ibis (?) entgegenstreckt. Weiter weg findet sich die stilisierte Abbildung eines Nilometers, ein Strichmaß von 11 bis 16 Ellen (letztere Zahl ist der optimale Wasserstand für eine gute Nilschwelle, die alljährliche Nilflut). Über dem turmähnlichen Gebäude ist der Name Alexandrias in das Mosaik eingelassen. Vermutlich handelt es sich also um eine äußerst schematische Wiedergabe des Pharos. Ein weiteres Mosaik aus Dscharasch (früher: Gerasa) in Jordanien (um 530 n. Chr.) zeigt die mit Zinnen gekrönte Mauer einer als Alexandria bezeichneten Stadt, vor deren Befestigungswerk der Pharos steht. Ein elementarer dreistöckiger Bau, oft mit Treppeneingang, taucht auch auf einer Reihe griechischer Mün-

zen der Kaiserzeit auf, denen der Pharos von Alexandria als Prototyp gedient haben muß. Besonders bekannte Exemplare stammen aus Korinth (mit der Hafenstadt Lechaion), Herakleia Pontike (Bithynien), Berytos und Laodikeia (Syrien), Panormos (Sizilien) und Aigai (Kilikien).
Das Fragment eines bemalten Glasbechers, das im afghanischen Bagram gefunden wurde und heute im Museum von Kabul zu besichtigen ist, bietet eine Ansicht des Pharos, die deutlich sein Mauerwerk aus Ziegelstein sowie die rechteckigen Fenster der Seitenwände erkennen läßt. Obenauf steht eine Statue, vermutlich die des Zeus Soter, der im linken Arm seinen Donnerkeil hält. Andere, dreidimensionale Wiedergaben des Pharos sind in Gestalt ägyptischer Terrakotta-Lampen und Leuchter auf uns gekommen. Allerdings sind die einzigen neuen Erkenntnisse, die wir ihnen verdanken, die anscheinend mit Bedacht herausgestellten zahlreichen Fensteröffnungen, die sich auf den Seitenmauern des Pharos bis zur Leuchtkammer hochziehen. Frühere Kom-

Abb. 73. In Alexandria geprägte bronzene Halbdrachmenstücke aus dem 11. und 17. Regierungsjahr Hadrians (117–138 n. Chr.) mit einer Darstellung des Pharos. Die ältere Münze (links) stellt eine Seitenansicht mit der zum Eingang hinaufführenden Rampe dar. Beide zeigen deutlich die Tritonen auf der Plattform der ersten Stufe und die Statue des Zeus Soter auf der Spitze. (London, Britisches Museum.)

mentatoren haben diese als Wappen- oder Schutzschilde identifiziert, doch ist dies wenig glaubhaft.
Die besten und getreuesten zeitgenössischen Belege für das Aussehen des Pharos kommen auf griechischen Münzen der römischen Kaiserzeit vor, die von der Prägestätte in Alexandria ausgegeben wurden. Der Pharos taucht auf drei wichtigen Typen von Reversprägungen auf, die die Regierungszeiten der Kaiser von Domitian (81–96 n. Chr.) bis Commodus (180–192 n. Chr.) umspannen. Die Stadt Alexandria, die, wie viele andere Städte des griechischen Ostens, innerhalb des Römischen Reiches als Münzstätte fungierte, fuhr auch weiterhin fort, Münzen griechischer Machart zu schlagen, doch wiesen diese das Konterfei des regierenden römischen Kaisers sowie dessen griechische Titel auf. Derlei Reversprägungen stellen eine interessante, bisweilen seltsame Vermischung altägyptischer, griechischer und römischer Ikonographie dar. Der Pharos wird zunächst nur als alleinstehendes Gebäude dargestellt, sodann in Verbindung mit der Göttin Isis Pharia und schließlich zusammen mit einer vorbeisegelnden Galeere.
Die Serie setzt unter Domitian ein; Bronzemünzen aus dem 12., 13. und 15. Jahr seiner Regierung sind bekannt (alexandrinische Münzen geben in griechischen Zahlzeichen das jeweilige Regierungsjahr eines Herrschers an, wobei ein Jahr vom 29. August bis zum 28. August des nächsten Jahres dauerte). Wesentliche Einzelheiten des Aufbaus sind deutlich zu erkennen, insbesondere jene trompeten- oder muschelblasenden Seeungeheuer in den Ecken der Plattform des ersten Stockwerks, die Tritonen; freilich weist das Gebäude nur zwei Stufen oder Stockwerke auf. Der Eingang liegt nicht viel höher als das Fundament, und auf einer Reihe von Exemplaren ist die stehende Figur des Zeus Soter auszumachen, der ein langes Zepter in der Hand hält.
Während der Regierungszeit Nervas (96–98 n. Chr.) tritt eine Pause ein, und die nächste Münzabbildung des Pharos fällt in die Zeit Trajans (98–117 n. Chr.): Halbdrachmenstücke der Jahre

11, 14 und 16 zeigen ein ähnliches, wenn auch nicht ganz so gedrungenes Gebäude. Für die Jahre 2, 3, 6, 10, 11, 16 und 17 seiner Herrschaft gab Hadrian (117–138 n. Chr.) die gleichen Gepräge aus (Abb. 73). Indes scheint er die Prägung für das Jahr 16 sonderbarerweise nicht emittiert zu haben; dabei muß Hadrian in diesem Jahr den Pharos wenn nicht aufgesucht, so doch leibhaftig gesehen haben, denn er stattete Ägypten einen Staatsbesuch ab, der sich auf anderen Münzprägungen durchaus verzeichnet findet. In vielen Fällen sind diese Bronzemünzen mit niedrigem Nennwert sehr lange in Umlauf gewesen und deshalb so abgenützt, daß es schwerfällt, ein genaues Ausgabejahr zu ermitteln. Eines jedoch ist gewiß: In ihren Grundzügen blieb sich die Darstellung des Pharos immer gleich. Von anderen Gebäudeabbildungen, die auf griechischen Münzserien der Kaiserzeit vorkommen, wissen wir, daß die Münzmeister stets auf eine naturgetreue Wiedergabe des betreffenden Gegenstands bedacht waren. Diese war daher in der Regel sehr viel genauer, als mancherorts angenommen wird.

Bis einschließlich zur Regierungszeit Hadrians ist die Eingangstür auf Münzabbildungen des Pharos zu ebener Erde oder zumindest sehr niedrig angesetzt. Während der Herrschaft des Antoninus Pius (138–161 n. Chr.) hingegen tritt eine Änderung ein: Das Portal erscheint um einiges nach oben verschoben (Abb. 74). Es handelt sich unzweifelhaft um eine akkurate Wiedergabe, die auf einige womöglich zu Beginn seiner Regierungszeit vorgenommene bauliche Veränderungen hindeuten könnte. Wir wissen, daß diese Prägung für die Jahre 4, 5, 6, 8 und 9 ausgegeben wurde. Eine bisher noch nicht publizierte Halbdrachme des Jahres 9 zeigt ein besonders gelungenes und deutliches Bild des Pharos mit runden Fenstern in der hohen ersten Stufe und trompetenblasenden Tritonen, die von den oberen Rändern herabhängen. Die Tür ist erhöht angebracht, und die beiden oberen Stufen, letztere vom Standbild des Zeus Soter geschmückt, sind nur mehr Stumpen. Auch von Marc Aurel (161–180 n. Chr.) haben wir einige Halbdrachmen (für die Jahre

Abb. 74. In Alexandria geprägte bronzene Halbdrachmenstücke aus dem 5. und 9. Regierungsjahr des Antoninus Pius (138–161 n. Chr.). Beide zeigen deutlich ein hochgelegenes Eingangsportal und die zahlreichen runden Fenster an den Seiten der hohen ersten Stufe. (London, Britisches Museum, und Sammlung des Verfassers.)

4 und 17). Danach jedoch verschwindet der Pharos als alleiniges Prägebild von den Münzen.

Aufschlußreich ist in diesem Zusammenhang der Verweis auf ein Gebäude, das in Abukir, dem antiken Taporis Magna, eine kurze Wegstrecke von Alexandria entfernt, möglicherweise Ende des 1. Jahrhunderts v. Chr. über einem Grab errichtet wurde. In seiner äußeren Gestalt hat es ziemliche Ähnlichkeit mit dem Pharos, und es könnte sich um ein Turmgrab handeln, das in einen Leuchtturm umgewandelt wurde.

Der zweite bedeutende Münzprägungstyp zeigt den Pharos zusammen mit der stehenden Figur der Isis Pharia (›vom Pharos‹). Isis, die große Muttergottheit der altägyptischen Religion, nimmt im späteren klassischen Altertum verschiedenerlei Gestalt an; hier sieht man sie als die Schutzgöttin der Seeleute, die dem Pharos ein geblähtes Schiffssegel entgegenstreckt (außer auf einigen wenigen seltenen Drachmenstücken Trajans, wo sie mit zurückgewandtem Haupt vom Pharos forteilt). In der Hand hält sie außerdem ihr heiliges Instrument, das Sistrum, eine Metallrassel, die beim Schütteln einen leise klirrenden Klang von sich gab. Die Reversprägung der Isis Pharia kommt nur auf größeren Münzen mit Bronzelegierung vor, im allgemeinen Parallelausgaben zu den Halbdrachmenstücken. Interessanterweise ist der Pharos im Einklang mit der Körpergröße der Göttin schlanker und höher gestaltet. An allen Münzen des Antoninus Pius fällt auf, daß das Eingangsportal nach oben verschoben ist (Abb. 75).

Abb. 75. In Alexandria geprägte bronzene Halbdrachmenstücke aus dem 12. Regierungsjahr des Antoninus Pius (138–161 n. Chr.). Die Isis Pharia hält ein geblähtes Segel und ein Sistrum in der Hand und schreitet auf den Pharos zu. Die zum Eingang führenden Stufen sind deutlich zu erkennen. (London, Britisches Museum.)

Es hat den Anschein, als habe die Isis Pharia auf der Insel Pharos selbst in der Nähe des Turms einen Tempel gehabt. Seit dem klassischen Altertum sind große Teile der Insel, ja des alten Alexandria selbst infolge eines Absackens der Küste im Meer versunken. Am Rande dessen, was einstmals Teil der Insel gewesen war (eine Insel, die jahrhundertelang über einen Deich mit dem Festland verbunden gewesen war), stießen Taucher in neuerer Zeit auf einen in den Felsen geschlagenen Tempel. 1963 wurden einige Bruchstücke großer Bronzelettern gefunden, und im Dezember 1963 hoben Froschmänner ein riesiges, beinahe 10 m hohes steinernes Standbild der Isis vom Meeresgrund, das offenbar mit ihrem Tempel in Verbindung stand. Die Statue liegt heute unmittelbar hinter dem Eingang des ehemaligen Serapeions und der Pompejussäule (Abb. 76).

Der dritte Münzprägungstyp zeigt den Pharos zusammen mit einer vorübersegelnden Galeere. Diese Abbildung findet sich lediglich auf einer Tetradrachme (Vier-Drachmen-Stück) des Commodus (180–192 n. Chr.), einer auf das Regierungsjahr 29

Abb. 76. Die Göttin Isis. Die vom Meeresgrund vor Fort Kait Bey geborgene Kolossalstatue liegt heute in Alexandria im Garten des Serapeion in der Nähe der Pompeiussäule.

datierten Scheidemünze aus Billon (Abb. 77). Die scheinbare Anomalie in der Datierung erklärt sich dadurch, daß Commodus sich auch nach seiner Thronbesteigung am 17. März 180 weiterhin der Zählung seines Vorgängers Marc Aurel bediente, statt seinen eigenen Regierungsantritt vermerken zu lassen. Daher setzte seine Münzserie im Jahr 21 ein, und die Prägung könnte eine Anspielung auf einen für das Jahr 29 vorgesehenen kaiserlichen Besuch der Stadt sein, der dann jedoch nicht zustande kam.

Der Pharos fiel auch arabischen Geschichtsschreibern ins Auge; ihren Aufzeichnungen können wir entnehmen, daß er in den Jahren 956, 1303 und 1323 von Erdbeben schwer beschädigt wurde. Die vollständigste Beschreibung des Turms stammt denn auch nicht von den bereits erwähnten klassischen Autoren, sondern von dem arabischen Reisenden Jusuf Ibn asch-Schaich aus Malaga, der im Jahre 1165 den Pharos als Tourist besuchte. Er schreibt, daß die Insel Pharos unweit der Küste gelegen war, und erwähnt, daß man zu bestimmten Zeiten, wenn die Flut nicht zu hoch stand, trockenen Fußes über den Deich oder Damm zu ihr gelangen konnte. Im folgenden seine Schilderung:

> Der Pharos erhebt sich am Ende der Insel. Das Fundament ist viereckig und mißt etwa 8,5 m auf jeder Seite. Außer auf der Ost- und Südseite wird der Pharos vom Meer umspült. Die Plattform, auf der er steht, mißt an den Seiten vom äußersten Ende bis zum Fuße des Pharos selbst 6,5 m und erhebt sich etwa um die gleiche Höhe über dem Meeresspiegel. Auf der dem Meer zugewandten Seite jedoch ist sie aufgrund ihrer Bauweise breiter und wie ein Berghang nach oben stark verjüngt. In demselben Maße, wie die Höhe der Plattform gegen die Wände des Pharos hin ansteigt, verringert sich ihre Breite, bis sie die oben erwähnten Maße erreicht.
>
> Auf dieser Seite ist sie kräftig gebaut; die langen Steine sind gut behauen und gefügt und nicht so fein wie die übrigen Teile des Gebäudes gearbeitet. Der Teil des Gebäudes, den ich gerade beschrieben habe, ist jüngeren Datums, da die antiken Arbeiten auf dieser Seite ersetzt werden mußten.
>
> An der dem Meer zugewandten Seite, d. h. der Südseite, gibt es eine alte Inschrift, die ich nicht entziffern kann. Eigentlich ist es keine Inschrift, da die Lettern in hartem schwarzen Stein ausgeführt sind.

Abb. 77. Die Tetradrachme aus Billon aus dem 29. Regierungsjahr des Commodus (180–192 n. Chr.) zeigt eine Galeere, die mit geblähtem Segel am Pharos vorbeifährt. (London, Britisches Museum.)

> Wind und Meer haben den Hintergrundstein verwittern lassen, und aufgrund ihrer Härte treten die Lettern wie ein Relief hervor. Das A mißt etwas mehr als 54 cm. Der obere Teil des M wirkt wie ein riesiges Loch in einem Kupferkessel. Im allgemeinen sind die anderen Buchstaben von vergleichbarer Größe.
> Der Eingang zum Pharos ist erhöht. Früher führte eine 183 m lange Rampe zu ihm hinauf. Die Rampe ruht auf einer Reihe gewölbter Bögen. Mein Begleiter kroch unter einen der Bögen und streckte die Arme aus, doch konnte er die Seiten nicht berühren. Es gibt 16 dieser Bögen, die allmählich höher werden, bis man zum Eingang gelangt. Der letzte ist besonders hoch [es handelt sich wohl um den auf den Münzen zu sehenden Treppenaufgang].

Sie fuhren fort, die auf der Insel befindlichen Ruinen zu erforschen:

> Wir drangen etwa 73 m ins Gebäudeinnere vor. Hier stießen wir zu unserer Linken auf eine geschlossene Tür, von der wir nicht wußten, wohin sie führte. Nach weiteren 110 m fanden wir eine offene Tür. Durch diese traten wir ein und fanden uns in einem Raum wieder, auf den ein zweiter folgte, und dann wieder andere, bis wir an einem Gang

insgesamt 18 Räume gezählt hatten, die alle miteinander verbunden waren. Da fiel uns wieder ein, daß die Insel Pharos unbewohnt war. Als wir weitere 110 m gegangen waren, hatten wir zur Linken und zur Rechten weitere 14 Räume gezählt. Auf einer Strecke von 44 m fanden wir weitere 17 Räume vor. Nach weiteren 100 m gelangten wir schließlich zur ersten Stufe [des Pharos]. Es gab keine Treppe, sondern eine Rampe, die um den zylindrischen Kern des riesigen Baus allmählich höher führte. Zu unserer Rechten befand sich eine nicht sonderlich dicke Mauer, zu unserer Linken der Baukörper, dessen Kammern wir unten erforscht hatten. Wir betraten einen 1,6 m breiten Gang, überkragt von bearbeiteten Steinquadern, die die Decke bildeten; zwei meiner Gefährten paßten nicht hindurch.

Als wir auf dem Sims der ersten Stufe ankamen, maßen wir mit Hilfe eines Seils, an dem wir einen Stein befestigt hatten, dessen Höhe vom Erdboden – sie betrug 57,73 m. Die Brüstung war etwa 1,83 m hoch.

In der Mitte der Plattform der ersten Stufe setzte sich das Gebäude nach oben fort, diesmal jedoch in Form eines Oktogons, dessen Seiten 18,3 m lang und 3,45 m von der Brüstung entfernt waren. Das Mauerwerk war zwischen 1,5 und 2 m dick; die Zahl, die ich bei meinen ersten Aufzeichnungen notiert hatte, ist nicht ganz eindeutig, aber in der Nähe der Stelle, wo ich die Länge des Seils aufnotiert hatte, hatte ich mir mit Tinte einige Einzelheiten aufgeschrieben, die nicht verschmiert waren. Es ist schon sehr merkwürdig ... Aber ich bin mir sicher, es waren 2 m.

Diese Stufe war höher, als ihre Grundlinie lang war. Als wir sie betraten, stießen wir auf eine Treppe, die unserer Zählung nach 18 Stufen aufwies, und gelangten zur Mitte des Obergeschosses. Wieder maßen wir mit dem Seil nach und stellten fest, daß es 27,45 m über der ersten Stufe lag.

In der Mitte der Plattform der zweiten Stufe setzte sich das Gebäude in Form eines Zylinders mit einem Durchmesser von 75,2 m nach oben fort. Vom Fuß der Mauer bis zur Brüstung waren es 2,19 m. Wieder traten wir ein und kletterten 31 Stufen empor, bis wir auf die dritte Stufe gelangten. Laut Seilmessung betrug ihre Höhe 7,32 m. Auf der Plattform der dritten Stufe ist eine Moschee mit vier Türen und einer Kuppel errichtet. Sie ist 5,49 m hoch und hat einen Durchmesser von 36,6 m. Die Brüstung ist 46 cm hoch und nur 1,51 m von der Mauer der Moschee entfernt.

Zusammenfassend sei gesagt, daß der von uns erforschte Bau außer dem ersten Raum, der uns verschlossen war und von dem es heißt, daß er unterirdisch zum Meer führe, 67 Räume besitzt. Die Höhe des

Pharos beträgt diesen Abmessungen zufolge 96,99 m. Vom Sockel bis zum Meeresspiegel sind es 9,15 m, und der Teil, der unterhalb des Meeresspiegels zu sehen ist, mißt etwa 1,83 m.

Zusammen mit Münzabbildungen und anderen Darstellungen verschafft uns diese Beschreibung mitsamt ihren Maßangaben einen realistischen Eindruck vom Aussehen des Pharos. Der unterste Teil hatte eine Höhe von 57 m und besaß einen zylinderförmigen Schacht, der das Gewicht der oberen Stufen trug. Die zweite Stufe war ein 27,5 m hohes Oktogon, die dritte ein 7,5 m hoher Rundbau. Die Münzen bezeugen ein gigantisches Standbild des Zeus Soter, das den Bau um mindestens weitere 5 m überragte. Wenn wir hinzurechnen, daß der Sockel 10 m oberhalb des Meeresspiegels stand, so kommen wir auf eine Gesamthöhe von ca. 117 m über dem Meeresspiegel.
Der Reisende Ibn Battuta schreibt, daß der Pharos im Jahre 1326 teilweise zerstört war. Als er ihn dreiundzwanzig Jahre später, im Jahre 1349, erneut besuchte, traf er den Turm »in einem so verfallenen Zustand an, daß es unmöglich war, ihn zu betreten oder zum Eingang hochzuklettern.« Eine im Kloster Montpellier lagernde Handschrift datiert die Zerstörung des Pharos auf den 8. August 1303.
Die letzte uns bekannte angemessene Abbildung des Pharos vor seiner Zerstörung ist in einem um 1200 entstandenen Deckenmosaik der Zenokapelle in der Markuskirche zu Venedig zu bewundern (Abb. 78), das den Pharos und ein Schiff zeigt, in dessen Heck der Evangelist Markus sitzt; dieser hat sich nach Alexandria eingeschifft, um in Ägypten die christliche (koptische) Kirche zu begründen. Markus starb in Ägypten und wurde in Alexandria beigesetzt. Im Jahre 868 wurde der Leichnam des Evangelisten von venezianischen Handelsleuten, die ihren eigenen Bedarf an Heiligenreliquien für größer hielten als den Alexandrias und des mittlerweile unter islamischer Herrschaft stehenden Ägypten, entwendet und nach Venedig gebracht, wo er heute unter dem Hochaltar des prächtigen Doms bestattet ist, der seinen Namen trägt. Der Überlieferung zufolge vermochten

Abb. 78. Ankunft des hl. Markus in Alexandria. Sein Boot segelt am Pharos vorbei, dessen dritte Stufe hier mit der kuppelgedeckten Moschee der islamischen Restauration durch Ibn Tulun versehen ist. Mosaik des 13. Jahrhunderts. (Venedig, Markuskirche, Zenokapelle.)

die listigen Venezianer die Leiche an den moslemischen Zollbeamten vorbeizuschmuggeln, indem sie angaben, der Sarg, der die sterbliche Hülle des Heiligen beherbergte, sei mit Schweinefleisch gefüllt. Natürlich hätte kein Moslem, der etwas auf sich hielt, sich unterstanden, ihr Wort anzuzweifeln und die unreine Fracht zu inspizieren! Nach dem »Erwerb« des Leichnams Alexanders d. Gr. durch Ptolemaios I. war die Überführung Markus' nun schon der zweite große Leichenraub in der Geschichte Alexandrias. Der Schädel des Evangelisten wurde Ägypten von der Stadt Venedig jüngst zurückerstattet und ist heute im koptischen Markusdom zu Kairo beigesetzt.

Heute wird die Stätte des Pharos von dem großen islamischen Fort Kait Bey eingenommen, das im 15. Jahrhundert auf (und

Abb. 79. Das im 15. Jahrhundert auf dem früheren Standort des Pharos errichtete Fort Kait Bey in Alexandria.

aus) den Trümmern des eingestürzten Leuchtturms errichtet wurde (Abb. 79). Als militärisches Absperrgebiet ist das Gelände nur schwer zugänglich, und außer dem islamischen Festungsbau gibt es nur wenig zu sehen. In Alexandria wird die Erinnerung an den Pharos nur noch von einem modernen weißen Marmorrelief des Turms und der Isis Pharia wachgehalten, das den Touristen am Eingang zu den Gartenanlagen der Katakomben von Kôm-esch-Schûkafa begrüßt.

Epilog

Einige vergessene Wunder

Von Peter A. Clayton und Martin J. Price

Ab dem 2. Jahrhundert v. Chr. kamen die unterschiedlichsten Listen mit Sieben Weltwundern in Umlauf. Die erste Erwähnung eines derart exklusiven Katalogs, die uns ein Bewußtsein davon vermittelt, daß die Vorstellung von sieben Bauwundern volkstümlich geworden war, fällt in die Zeit Julius Cäsars im 1. Jahrhundert v. Chr. In seiner Darstellung des großen Obelisken der Königin Semiramis, eines grandiosen babylonischen Denkmals, bemerkt der Geschichtsschreiber Diodorus Siculus, daß dieser Bau zu den sieben bedeutendsten zeitgenössischen Bauwerken zu zählen sei. Daß er mit diesen Worten ein Monument kommentiert, das der Liste längst nicht mehr angehört, ist verwunderlich, doch hatte er ganz gewiß Kenntnis davon, daß es als modern galt, eine Liste von sieben derartigen Baudenkmälern zusammenzustellen. Bald darauf berichtete der Geograph Strabon (64 v. Chr. – 21. n. Chr.), ein Grieche aus Amaseia an der Südküste des Schwarzen Meeres, daß die Pyramiden zu einer Liste mit sieben »Sehenswürdigkeiten« gehören. Um diese Zeit waren die Griechen bereits der Macht Roms unterworfen. Das von Alexander dem Großen begründete Reich hatte sich in eine Reihe von Königtümern aufgelöst, die ihrerseits nach politischen Kämpfen oft zerfielen. Eines nach dem anderen beugten sie sich dem Einfluß Roms, der neuen Großmacht des Westens, die den gesamten Mittelmeerraum zu einer politischen Einheit zusammenschmiedete.

Wieder zeichnete sich eine neue Auffassung von der Einheit der damals bekannten Welt ab. Strabons Buch nannte sich *Geogra-*

Abb. 80. Darstellung des Kolosseums und nahegelegener Triumphbögen. Römisches Relief aus dem 1. Jahrhundert n. Chr., Teil des Denkmals der Haterii. (Rom, Vatikanische Museen.)

phie oder *Erdbeschreibung*. In der Tat handelt es sich im wahrsten Sinne des Wortes um eine Beschreibung des ihm zugänglichen Erdkreises von Spanien bis Indien, von Europa bis Nordafrika, eine Aufzählung menschlicher Errungenschaften in Ländern, in denen die Überreste früherer Kulturen verlorenzugehen drohten. Ein Werk wie dieses verschafft uns faszinierende Einblicke in die Frühzeit des Römischen Reiches. Strabons Darstellungen von Monumenten wie der Statue des Olympischen Zeus sind, da Berichte aus erster Hand, unschätzbar, gestatten sie uns doch unmittelbaren Zugang zu einem der Sieben Weltwunder.

Im römischen Weltreich griff die Vorstellung von Sieben Weltwundern immer mehr um sich. Der Dichter Properz (um 50 bis um 16 v. Chr.) hielt seine Verse für weniger vergänglich als die Pyramiden, das Grabmal des Mausolos oder den Zeustempel zu Olympia. Im Jahre 80 n. Chr. wurde der Dichter Martial Zeuge des Kolosseumbaus zu Rom (Abb. 80). Er konnte dieses Bauwerk mit den Pyramiden, den Stadtmauern und den Hängenden Gärten von Babylon, dem Artemision, dem Mausoleum und dem aus Hörnern erbauten Altar von Delos vergleichen – eine Liste, die eindeutig zu dem Zweck zusammengestellt war, das neuerrichtete Kolosseum unter die sieben bedeutendsten Bauwerke aller Zeiten einreihen zu können.

So wurden die Sieben Weltwunder der Baukunst, auch wenn die Vorstellung eines festen Kanons nach wie vor ungeläufig war, integraler Bestandteil der römischen Lebens- und Geisteswelt. Die Liste von Denkmälern, die dem Kernbestand anerkannter »Wunder« hinzugefügt wurden, ist Spiegelbild einer sich wandelnden Welt. Eine Abhandlung unter dem Titel *Die sieben Sehenswürdigkeiten der Welt*, die Philon von Byzanz, einem Mechaniker des späten 3. Jahrhunderts v. Chr., zugeschrieben wird, enthält im allgemeinen ungenaue Angaben und ist in einem blumigen Stil abgefaßt, der zu der wissenschaftlichen Vorgehensweise des wirklichen Philon nicht recht passen will. Vermutlich geht sie auf das 4. Jahrhundert n. Chr. zurück. Interessanterweise nimmt sie die in Gedichtform gehaltene Liste des in

Abb. 81. Das von Ramses II. (1304–1236 v. Chr.) erbaute Große Hypostylon mit dem Obelisk von Thuthmosis I. (1525–1512 v. Chr.) im Amuntempel von Karnak, der Stätte des alten Theben. Das in der Antike vielgerühmte Theben mit seinen zahlreichen Tempelanlagen wurde erst zu Beginn des 18. Jahrhunderts von dem Jesuitenpater Claude Sicard wiederentdeckt.

Abb. 82. Marc Aurel (161–180 n. Chr.) bringt vor den Gebäuden des Kapitols in Rom ein Opfer dar. Marmorrelief. (Rom, Kapitolinisches Museum.)

der Einführung zitierten Antipatros von Sidon wieder auf. Die Beschreibungen der Bauwerke selbst wurden indes wohl eher in rhetorischer Absicht verfaßt, als daß sie ein wahrheitsgetreues Bild der Monumente liefern würden. Dennoch handelt es sich um einen Katalog, der bei seiner Entstehung weithin verbindlich gewesen sein muß.

Zur Zeit des Römischen Reiches setzte bereits der Verfall der Sieben Weltwunder der Baukunst ein. Babylon war untergegangen; die Wüste hatte die ihr abgerungenen großartigen Gebäude der Stadt zurückerobert. Gleichwohl richteten viele Autoren, die Listen mit »Wunderwerken« zusammenstellten, den Blick zurück aufs Perserreich; mitunter notierten sie andere Denkmäler wie etwa den Palast des Königs Kyros zu Ekbatana. Einige besannen sich auf die Ägypter und ihre von Homer geschilderte legendäre Stadt, das »hunderttorige« Theben (Abb. 81). Selbstredend wandte sich die große Mehrzahl den baulichen Leistungen der Römer selbst zu – Monumenten wie dem Kapitol, der Festung Roms mit ihrem großartigen, der römischen Göttertrias Jupiter, Juno und Minerva geweihten Tempel (Abb. 82).

Abb. 83. Revers einer im phrygischen Apameia geprägten Bronzemünze aus der Zeit des Kaisers Philippus Arabs (244–249 n. Chr.) mit einer Darstellung von Noahs Arche. (Nach einem 1775 veröffentlichten Kupferstich.)

Im 4. Jahrhundert n. Chr. drückte das Christentum dem Römischen Reich seinen Stempel auf. Gewiß hielt das geschichtliche Interesse gebildeter christlicher Schriftsteller wie Gregor von Nazianz (329–389) die Vorstellung von den Sieben Weltwundern wach. Es überrascht nicht, daß sich Veränderungen in der politischen Sphäre auch darauf auswirkten, welche Bauwerke nach allgemeiner Anschauung unter die Sieben Weltwunder eingereiht zu werden verdienten. Bischof Gregor von Tours (536–594) stellte eine Siebenerliste zusammen, die den Tempel Salomos in Jerusalem und die Arche Noahs umfaßte (Abb. 83). Es ist verständlich, daß derartige Bauten in der frühchristlichen Geschichtsauffassung an Bedeutung gewannen, doch verrät ihre

Abb. 84. Marten van Heemskercks Auffassung des Pharos von Alexandria aus dem 16. Jahrhundert.

Aufnahme eine ganz andersgeartete Auffassung von den Sieben Weltwundern, als sie den früheren griechischen und römischen Autoren zu eigen gewesen war. Um die wunderbaren Sehenswürdigkeiten und Bauleistungen seiner Zeit zu begutachten, sah sich Gregor von Tours nicht in heimischen Gefilden um. Wie die Gelehrten der Renaissance und der Moderne durchkämmte er vielmehr die Geschichte auf der Suche nach Denkmälern menschlicher Großtaten, die womöglich gar nicht mehr erhalten waren. Indem er sich des Alten Testaments als Quelle bediente, konnte er zwei hervorragende Baudenkmäler auswählen, die laut jüdischer Überlieferung von entscheidender Bedeutung für die Geschichte der Menschheit gewesen waren. Zugleich nannte Gregor erstmals auch den Pharos unter den Sieben Weltwundern. Er wußte nicht nur, daß sämtliche Leuchttürme dessen Namen trugen, sondern vermutlich auch, daß er die ihm zuge-

Abb. 85. Johann Fischer von Erlachs Darstellung des Pharos von Alexandria aus dem 18. Jahrhundert.

Abb. 86. Die Renaissance-Auffassung von der Antike, wie sie sich in Marten van Heemskercks Darstellung der Zeusstatue des Phidias zu Olympia niederschlägt, steht in deutlichem Gegensatz zu dem Entwurf Johann Fischer von Erlachs aus dem 18. Jahrhundert (Abb. 87), in den offensichtlich einige der von den antiken Schriftstellern erwähnten Details eingearbeitet sind.

dachte Aufgabe auch weiterhin erfüllte – beinahe tausend Jahre nach seiner Errichtung.

Bei einer solchen Vielfalt von Monumenten kann es nicht überraschen, daß man sich zu dieser Zeit noch nicht auf einen festen Kanon der Sieben Weltwunder zu einigen vermochte. Die Idee beschäftigte die Phantasie der Öffentlichkeit noch lange, auch wenn die Denkmäler selbst zugrunde gingen und der Erdkreis, der unter Rom geeint gewesen war, in zahlreiche Nationen auseinanderbrach. Die Gelehrten befaßten sich mit einer Zeit, in der, wie man vermeinte, dank der Einheit des Reiches Harmonie

Abb. 87. Die Zeusstatue zu Olympia in der Darstellung Johann Fischer von Erlachs aus dem 18. Jahrhundert (vgl. Abb. 86).

herrschte. Bezeichnend für den damals weit verbreiteten Ansatz ist die *Abhandlung über die von Menschenhand erschaffenen Sieben Weltwunder*, die dem Kirchengeschichtler Beda Venerabilis (673–735), einem sächsischen Mönch aus Jarrow bei Durham, zugeschrieben wird. Der abstruse Katalog führt zwar den Pharos, den Koloß von Rhodos und den Tempel der Diana (Artemis) zu Ephesos auf. Zugleich aber verzeichnet er das Kapitol zu Rom, ein Standbild des griechischen Heros Bellerophon (Prototyp des christlichen St. Georg), ein Stadion in der Stadt Herakleia und ein Badehaus, das heute nicht mehr zu identifizieren ist. Offensichtlich war Beda mit diesen Monumenten selbst nie in Berührung gekommen. Vielmehr hatte er sie aus rein akademischem Interesse ausgewählt; ihre Beschreibung fiel denn auch entsprechend bizarr aus. Die Auswahl selbst jedoch veranschaulicht, wie der kulturelle Kontakt mit den großen Leistungen des Römischen Reiches allmählich abriß. Jene Völkerschaften, die zur Zeit Bedas in kleinen isolierten Gemeinschaften lebten und von politischer Unsicherheit bedroht waren, wußten sich ungeachtet ihrer Sehnsucht nach einer Rückkehr zur Vergangenheit kein wahrheitsgetreues Bild von dieser zu verschaffen.

Es ist stets schwierig, sich vorzustellen, daß Bauten, die uns so vertraut sind, dereinst zerfallen werden, daß die uns bekannte Zivilisation sich bis zur Unkenntlichkeit verändern wird. Und doch können wir einige der versunkenen Bauwerke selbst noch nach ihrer Zerstörung genau rekonstruieren. Das Interesse der Renaissance an den Schriftstellern der Urkirche und der Kultur des Römischen Reiches war ein neuerlicher Ansporn zur Zusammenstellung eines Auswahlkatalogs von Monumenten, mit dem sich die bedeutendsten Bauleistungen der Menschheit feiern ließen. Unter den Denkmälern, die die Schriftsteller der Antike aus intimer Kenntnis erkoren hatten, eine engere Auswahl zu treffen war nicht weiter schwierig. Die ägyptischen Pyramiden waren von alters her anerkannt gewesen. Babylon war mit seinen Hängenden Gärten vertreten, deren komplizierte Konstruktion die Geister der Renaissance verblüffte, obwohl sie von dem Gebäude selbst keinen Begriff hatten. Das Standbild des Zeus zu Olympia, der Tempel der Artemis zu Ephesos, das Grabmal des Mausolos zu Halikarnassos, der Koloß von Rhodos und der Pharos von Alexandria ergaben eine Mischung von Bauweisen und Verwendungszwecken, mit denen die Errungenschaften der Antike facettenreich vertreten waren. Es ist vielleicht verwunderlich, daß nicht ein einziges Monument aufgenommen wurde, mit dem sich die Ingenieurleistungen der Römer feiern ließen; sicherlich waren sich die Gelehrten der Renaissance bewußt, daß die Vorstellung von den Sieben Weltwundern lange vor der Blütezeit der römischen Kultur zirkuliert hatte, und fahndeten nach ersten Anfängen (Abb. 84 und 85). Die phantasievollen Stiche eines van Heemskerck hatten mehr Ähnlichkeit mit zeitgenössischen Gemälden als mit einer realistischen Ansicht der Bauten selbst (Abb. 88). Freilich wuchs auch das Interesse an einer wahrheitsgetreuen Wiedergabe der Vergangenheit. Kurz vor seinem Tode im Jahre 1520 beauftragte Papst Leo X. den Künstler Raffael mit dem Wiederaufbau des alten Rom. Aus dem Plan wurde zwar nichts, doch in dem Gedanken selbst ist der Keim künftiger archäologischer Forschungen bereits angelegt. Dennoch leiden selbst von Erlachs Rekonstruktionen an übergroßem

Abb. 88. Marten van Heemskercks Auffassung des Artemistempels von Ephesos aus dem 16. Jahrhundert.

Ordnungssinn und Harmoniebedürfnis – dem Kennzeichen des 17. Jahrhunderts. Erst heutigentags, dreihundert Jahre später, können wir uns verhältnismäßig genaue Vorstellungen vom wirklichen Erscheinungsbild der Sieben Weltwunder machen (Abb. 86 und 87). Zweifellos werden wir in Zukunft neue Erkenntnisse gewinnen, die uns erlauben, weitere Einzelheiten nachzutragen. An dieser Stelle haben wir nur einen allgemeinen Abriß der Gebäude und Standbilder geben und etwas von der Begeisterung und Ehrfurcht vermitteln können, von denen die Menschen des Altertums überwältigt wurden, wenn sie sich in unmittelbarer Nachbarschaft eines der »Sieben Wunder der antiken Welt« befanden.

Literaturhinweise

Deutschsprachige Gesamtdarstellungen

Dawid, Maria: Weltwunder der Antike. Baukunst und Plastik. Frankfurt a. M.: Umschau-Verlag / Innsbruck: Pinguin-Verlag, 1968.
Dombart, Theodor: Die sieben Weltwunder des Altertums. München: Heimeran, 1967.
Ekschmitt, Werner: Die Sieben Weltwunder. Mainz: Philipp von Zabern, 1984.
Khuon, Ernst von: Die sieben Weltwunder. Stuttgart: Verlag Das Beste, 1969.
Krischen, Fritz: Weltwunder der Baukunst in Babylonien und Jonien. Tübingen: Wasmuth, 1956.
Müller, Artur / Ammon, Rolf: Die sieben Weltwunder. 5000 Jahre Kultur und Geschichte der Antike. Bern/München: Scherz, 1966. ^{2}1972.
Radowitz, Gisela von: Die Sieben Weltwunder. Menschen, Bauten, Sensationen. Würzburg: Arena-Verlag, 1985.
Reichardt, Hans: Die sieben Weltwunder. Nürnberg: Tessloff, 1987.
Vahlen, Angelika: Weltwunder der Antike. Leipzig: Urania-Verlag, ^{3}1988.
Wilkes, Angela: Die sieben Weltwunder. Von der Antike bis zur Gegenwart. Nürnberg: Tessloff, 1988.
Zamarovský, Vojtěch: Den sieben Weltwundern auf der Spur. Übers. von Hubert Sauer-Žur. Augsburg: Weltbild-Verlag, 1988.

Die Große Pyramide von Gizeh

Edwards, Iorwerth Eiddon Stephen: The Pyramids of Egypt. Harmondsworth: Penguin, 1949. 1972. – Dt.: Die ägyptischen Pyramiden. Übers. von Bruno Sandkühler. Wiesbaden: Harassowitz, 1967.
Jenkins, Nancy: The Boat beneath the Pyramid: Cheops' Royal Ship. London: Thames and Hudson, 1980. – Dt.: Das Schiff in der Wüste. Ägypten zur Zeit König Cheops'. Übers. von Volker Bradke. Frankfurt a. M.: Umschau-Verlag, 1980.
Mendelssohn, Kurt: The Riddle of the Pyramids. London: Thames and Hudson, 1974. – Dt.: Das Rätsel der Pyramiden. Übers. von Joachim Rehork. Frankfurt a. M.: Fischer, 1976.
Petrie, William Matthew Flinders: The Pyramids and Temples of Gizeh. London: Field & Tuer, 1883.

Die Hängenden Gärten von Babylon

'Alwan, Kamil: The Vaulted Structures or the So-called Hanging Gardens. In: Sumer 35 (1979) S. 134–136.

Koldewey, Robert: Das wieder erstehende Babylon. Die bisherigen Ergebnisse der deutschen Ausgrabungen. Leipzig: Hinrichs, 1913.

Nagel, Wolfram: Wo lagen die ›Hängenden Gärten‹ in Babylon? In: Mitteilungen der Deutschen Orient-Gesellschaft 110 (1978) S. 19–28.

Oates, John: Babylon. London: Thames & Hudson, 1986.

Wiseman, Donald John: Mesopotamian Gardens. In: Anatolian Studies 33 (1983) S. 137–144.

– Palace and Temple Gardens in the Near East. In: Bulletin of Middle Eastern Culture Center in Japan 1 (1984) S. 37–43.

– Nebuchadnezzar and Babylon. Oxford: Oxford University Press, 1985.

Das Standbild des Zeus zu Olympia

Ashmole, Bernard / Yalouris, Nicholas: Olympia. The Sculptures of the Temple of Zeus. London: Phaidon Press, 1967.

Kunze, Emil: Olympia. In: Deutsches Archäologisches Institut: Neue deutsche Ausgrabungen im Mittelmeergebiet und im Vorderen Orient. Berlin: Mann, 1959. S. 263–310.

Mallwitz, Alfred / Schiering, Wolfgang: Die Werkstatt des Pheidias in Olympia. Berlin: de Gruyter, 1964.

Richter, G. M. A.: The Pheidian Zeus at Olympia. In: Hesperia (1966) S. 166–179.

Swaddling, Judith: The Ancient Olympic Games. London: British Museum Publications, 1980.

Der Tempel der Artemis zu Ephesos

Bammer, Anton: Die Architektur des jüngeren Artemision von Ephesos. Wiesbaden: Steiner, 1972.

Cook, B. F.: The Tympanum of the Fourth Century Temple of Artemis at Ephesus. In: British Museum Quarterly 37 (1973) S. 137–140.

Ekschmitt, Werner: Die Sieben Weltwunder. Mainz: Philipp von Zabern, 1984.

Fleischer, Robert: Artemis von Ephesos und verwandte Kultstatuen aus Anatolien und Syrien. Leiden: Brill, 1973.

Foss, Clive: Ephesus after Antiquity. A Late Antique, Byzantine and Turkish City. Cambridge: Cambridge University Press, 1979.

Krischen, Fritz: Weltwunder der Baukunst in Babylonien und Jonien. Tübingen: Wasmuth, 1956.
Lessing, Erich / Oberleitner, Wolfgang: Ephesos. Weltstadt der Antike. Wien/Heidelberg: Ueberreuter, 1978.
Oberleitner, Wolfgang [u. a.]: Funde aus Ephesos und Samothrake. Katalog der Antikensammlung 2. Wien: Kunsthistorisches Museum, 1978.
Plommer, H.: St. John's Church, Ephesus. In: Anatolian Studies 12 (1962) S. 119–129.
Price, Martin Jessop / Trell, Bluma L.: Coins and their Cities. London: Vecchi, 1977. S. 127–132.
Trell, Bluma L.: The Temple of Artemis at Ephesos. New York: The American Numismatic Society, 1945.

Das Mausoleum von Halikarnassos

Ashmole, Bernard: Architect and Sculptor in Classical Greece, London: Phaidon Press, 1972. [S. 147–191.]
Hornblower, Simon: Mausolus. Oxford: Oxford University Press, 1982.
Jeppesen, Kristian: Paradeigmata. Three Mid-Fourth Century Main Works of Hellenic Architecture Reconsidered. Århus: Aarhus University Press, 1958. [S. 1–67.]
– / Hojlund, F. / Åris-Sorensen, K.: The Maussolleion at Halikarnassos. Bd. 1: The Sacrificial Deposit. Århus: Aarhus University Press, 1981.
– / Luttrell, Anthony: The Maussolleion at Halikarnassos. Bd. 2: The Written Sources and their Archaeological Background. Århus: Aarhus University Press, 1986.
Newton, Charles Thomas: A History of Discoveries at Halicarnassus, Cnidus, and Branchidae. 2 Bde. London 1862/63.
Smith, Arthur Hamilton: A Catalogue of Sculpture in the Department of Greek and Roman Antiquities, British Museum. London: British Museum Publications, 1900. [S. 65–135.]
Waywell, Geoffrey B.: The Free-Standing Sculptures of the Mausoleum at Halicarnassus in the British Museum. A Catalogue, London: British Museum Publications, 1978.

Der Koloß von Rhodos

La topografia monumentale di Rodi. In: Clara Rhodos 1 (1928) S. 46. – Pietro Lojacono: La chiesa conventuale di S. Stefano dei cavalieri in Rodi. Studio storico-architectonico. In: Ebd. 8 (1936) S. 245–287. [Zu den italienischen Ausgrabungen am Standort des Heliostempels.]

Rilievo frammentario di Elios. In: Clara Rhodos 5,2 (1932) S. 24–26, Abb. 15 und Taf. II.

Gabriel, A.: La construction, l'attitude et l'emplacement du Colosse de Rhodes. In: Bulletin de correspondence hellénique 56 (1932) S. 331–359.

Haynes, Denys E. L.: Philo of Byzantium and the Colossus of Rhodes. In: Journal of Hellenic Studies 77 (1957) S. 311 f.

Karusos, Christos: Rodos: istoria, mnimeia, techni. Athen: Ekdoseis Esperos, 1973. [Abb.-Legenden auch in Deutsch.]

Maryon, Herbert: The Colossus of Rhodes. In: Journal of Hellenic Studies 76 (1956) S. 68–86. [Abb. 1–3.]

Der Pharos von Alexandria

Bernand, André: Alexandrie la Grande d'Hérodote à Lawrence Durrell. Le destin d'une ville fabuleuse. Paris: Arthand, 1966.

Forster, Edward Morgan: Pharos and Pharillon. London: Woolf, 1923.

Fraser, Peter Marshall: Ptolemaic Alexandria. 3 Bde. Oxford: Clarendon Press, 1972.

Thiersch, Hermann: Pharos. Antike, Islam und Occident. Ein Beitrag zur Architekturgeschichte. Leipzig/Berlin: Teubner, 1909.

Zu den Autoren

Peter A. Clayton

Editorischer Berater der Firma B. A. Seaby Ltd., Numismatiker Ihrer Majestät der Königin. Ehemals Geschäftsführer der British Museum Publications Ltd. Jährliche Gastvorlesungen in Ägypten. Zahlreiche Buch- und Zeitschriftenveröffentlichungen.

Martin J. Price

Stellvertretender Leiter der Münzabteilung des Britischen Museums und Kustos für die Münzen der griechischen Welt. Ehemals Sekretär der Royal Numismatic Society und Begründer der von ihr herausgegebenen Publikationsserie *Coin Hoards*. Zahlreiche Buch- und Zeitschriftenveröffentlichungen.

Irving L. Finkel

Assistent des Leiters der Abteilung für westasiatische Altertümer des Britischen Museums, dort verantwortlich für Keilschrifttexte. Zahlreiche Zeitschriftenveröffentlichungen über Keilschriftzeugnisse. Teilnahme an Feldforschung in Irak.

Bluma L. Trell

Emeritierte Professorin für klassische Philologie und vergleichende Literaturwissenschaft an der New York University. Ihre Rekonstruktion des Artemistempels von Ephesos ist im Britischen Museum ausgestellt.

Geoffrey B. Waywell

Professor für klassische Archäologie am King's College der Londoner Universität.

Reynold Higgins

Ehemals verantwortlicher Leiter der Abteilung für griechische und römische Altertümer im Britischen Museum und Vorstand der British School of Archaeology in Athen.

Register

Die kursiv gesetzten Ziffern verweisen auf die Nummern der Abbildungen.